0—3岁
婴幼儿早期发展
专业人才培养
总主编 史耀疆

# 0—3岁婴幼儿心理发展的基础知识

周念丽 岳 爱◎主编
崔 丽 刘永丽 李 英◎副主编

**华东师范大学出版社**
·上海·

图书在版编目(CIP)数据

0—3岁婴幼儿心理发展的基础知识/周念丽,岳爱主编. —上海:华东师范大学出版社,2022
(0—3岁婴幼儿早期发展专业人才培养)
ISBN 978-7-5760-2405-0

Ⅰ.①0… Ⅱ.①周…②岳… Ⅲ.①婴幼儿心理学—基本知识 Ⅳ.①B844.12

中国版本图书馆CIP数据核字(2022)第017457号

"0—3岁婴幼儿早期发展专业人才培养"丛书
## 0—3岁婴幼儿心理发展的基础知识

主　　编　周念丽　岳　爱
项目编辑　蒋　将
特约审读　王叶梅
责任校对　董　亮　时东明
版式设计　宋学宏
封面设计　卢晓红

出版发行　华东师范大学出版社
社　　址　上海市中山北路3663号　邮编 200062
网　　址　www.ecnupress.com.cn
电　　话　021-60821666　行政传真 021-62572105
客服电话　021-62865537　门市(邮购)电话 021-62869887
地　　址　上海市中山北路3663号华东师范大学校内先锋路口
网　　店　http://hdsdcbs.tmall.com

印 刷 者　上海邦达彩色包装印务有限公司
开　　本　787×1092　16开
印　　张　11.75
字　　数　230千字
版　　次　2022年8月第1版
印　　次　2022年8月第1次
书　　号　ISBN 978-7-5760-2405-0
定　　价　45.00元

出 版 人　王　焰

(如发现本版图书有印订质量问题,请寄回本社客服中心调换或电话021-62865537联系)

## 编委会

| | | | | | | |
|---|---|---|---|---|---|---|
| 史耀疆 | 蔡建华 | 周念丽 | 黄 建 | 张 霆 | 关宏岩 | |
| 李荣萍 | 任晓旭 | 张淑一 | 刘爱华 | 谢 丹 | 任 刚 | |
| 李 芳 | 朴 玮 | 王丽娟 | 王 鸥 | 蒋 彤 | 陈 顿 | |
| 公维一 | 唐艳斌 | 张红敏 | 殷继永 | 崔 丽 | 刘永丽 | |
| 岳 爱 | 李 英 | 关宏宇 | 杨 洁 | 聂景春 | 汤 蕾 | |
| 乔 娜 | 杜 康 | 白 钰 | 伍 伟 | 陈函思 | 孔冬梅 | |
| 吕明凯 | 石功赋 | 胡建波 | 李曼丽 | 钞秋玲 | 杨玉凤 | |
| 王惠珊 | 李少梅 | 李 晖 | 尹坚勤 | 刘迎接 | 罗新远 | |
| 丁 玉 | 管旅华 | 赵春霞 | 程 颖 | 毛春华 | 万 俊 | |
| 王 杉 | 李 欢 | 王晓娟 | 任刊库 | 秦艳艳 | 叶美娟 | |
| 王晨路 | 吕欢欢 | 袁 盼 | 孟昱辰 | 宋倩楠 | 屈江卜 | |

# 总　序

2014年3月，本着立足陕西、辐射西北、影响全国的宗旨，形成应用实验经济学方法探索和解决农村教育均衡发展等问题的研究特色，致力于推动政策模拟实验研究向政府和社会行动转化，从而促成教育均衡的发展目标，陕西师范大学教育实验经济研究所（Center for Experimental Economics in Education at Shanxi Normal University，简称CEEE）正式成立。CEEE前身是西北大学西北社会经济发展研究中心（Northwest Socioeconomic Development Research Center，简称NSDRC），成立于2004年12月。CEEE也是教育部、国家外国专家局"高等学校学科创新引智计划——111计划"立项的"西部贫困地区农村人力资本培育智库建设创新引智基地"、北京师范大学中国基础教育质量监测协同创新中心的合作平台。自成立以来，CEEE瞄准国际学术前沿和国家重大战略需求，面向社会和政府的需要，注重对具体的、与社会经济发展和人民生活密切相关的实际问题进行研究，并提出相应的解决方案。

过去16年，NSDRC和CEEE的行动研究项目主要涵盖五大主题："婴幼儿早期发展""营养、健康与教育""信息技术与人力资本""教师与教学"和"农村公共卫生与健康"。围绕这五大主题，CEEE开展了累计60多项随机干预实验项目。这些随机干预实验项目旨在探索并验证学术界的远见卓识，找到改善农村儿童健康及教育状况的有效解决方案，并将这些经过验证的方案付诸实践、推动政策倡导，切实运用于解决农村儿童面临的健康和教育挑战。具体来看，"婴幼儿早期发展"项目旨在通过开创性的研究探索能让婴幼儿终生受益的"0—3岁儿童早期发展干预方案"；"营养、健康与教育"项目旨在解决最根本阻碍农村学生学习和健康成长的问题：贫血、近视和寄生虫感染等；"信息技术与人力资本"项目旨在将现代信息技术引入农村教学、缩小城乡数字化鸿沟；"教师与教学"项目旨在融合教育学和经济学领域的前沿研究方法，改善农村地区教师的教学行为、提高农村较偏远地区学校教师的教学质量；"农村公共卫生与健康"项目旨在采用国际前沿的"标准化病人法"测量农村基层医疗服务质量，同时结合新兴技术探索提升基层医疗服务质量的有效途径。

从始至今，CEEE开展的每个项目在设计以及实施中都考虑项目的有效性，使用成熟和前沿的科学影响评估方法，严谨科学地评估每一个项目是否有效、为何有效以及如何改进。

在通过科学的研究方法了解了哪些项目起作用、哪些项目作用甚微后,我们会与政策制定者分享这些结果,再由其推广已验证有效的行动方案。至今,团队已发表论文 230 余篇,累计 120 余篇英文论文被 SCI/SSCI 期刊收录,80 余篇中文论文被 CSSCI 期刊收录;承担了国家自然科学基金重点项目 2 项,省部级和横向课题 50 多项;向国家层面和省级政府决策层提交了 29 份政策简报并得到采用。除此之外,CEEE 的科学研究还与公益相结合,十几年来在上述五大研究领域开展的项目累计使数以万计的儿童受益;迄今为止,共为农村儿童发放了 100 万粒维生素片,通过随机干预实验形成的政策报告推动了 3300 万名学生营养的改善;为农村学生提供了 1700 万元的助学金;在 800 所学校开展了计算机辅助学习项目;为 6000 户农村家庭提供婴幼儿养育指导;为农村学生发放了 15 万副免费眼镜;通过远程方式培训村医 600 人;对数千名高校学生和项目实施者进行了行动研究和影响评估的专业训练……CEEE 一直并将继续坚定地走在推动农村儿童健康和教育改善的道路上。

在长期的一线实践和研究过程中,我们认识到要提高农村地区的人力资本质量需从根源着手或是通过有效方式,为此,我们持续在"婴幼儿早期发展"领域进行探索研究。国际上大量研究表明,通过对贫困家庭提供婴幼儿早期发展服务,不仅在短期内能显著改善儿童的身体健康状况,促进其能力成长和学业表现,而且从长期来看还可以提高其受教育程度和工作后的收入水平。但是已有数据显示,中低收入国家约有 2.49 亿 5 岁以下儿童面临着发展不良的风险,中国农村儿童的早期发展情况也不容乐观。国内学者的实证调查研究发现,偏远农村地区的婴幼儿早期发展情况尤为严峻,值得关注。我国政府也已充分意识到婴幼儿早期发展问题的迫切性和重要性,接连出台了《国家中长期教育改革和发展规划纲要(2010—2020 年)》《国家贫困地区儿童发展规划(2014—2020 年)》《国务院办公厅关于促进 3 岁以下婴幼儿照护服务发展的指导意见》(2019 年 5 月)、《支持社会力量发展普惠托育服务专项行动实施方案(试行)》(2019 年 10 月)和《关于促进养老托育服务健康发展的意见》(2020 年 12 月)。然而,尽管政府在推进婴幼儿早期发展服务上作了诸多努力,国内婴幼儿早期发展相关的研究者和公益组织在推动婴幼儿早期发展上也作了不容忽视的贡献,但是总体来看,我国的婴幼儿早期发展仍然存在五个缺口,特别是农村地区:第一,缺认识,即政策制定者、实施者、行动者和民众缺乏对我国婴幼儿早期发展问题及其对个人、家庭、社会和国家长期影响的认识;第二,缺人才,即整个社会缺少相应的从业标准,没有相应的培养体系和认证体系,也缺少教师/培训者的储备以及扎根农村从业者的人员储备;第三,缺证据,即缺少对我国婴幼儿早期发展的问题和根源的准确理解,缺少回应我国婴幼儿早期发展问题的政策/项目有效性和成本收益核算的影响评估;第四,缺方法,即缺少针对我国农村婴幼儿早期发展面临的问题和究其根源的解决方案,以及基于作用机制识别总结出的、被验证的、宜推广的操作步骤;第五,缺产业,即缺少能够系统、稳定输出扎根农村的婴幼儿早期发展服务人才的职业院校或培训机构,以及可操作、可复制、可持续发展的职业院校/培训机构模板。

自国家政策支持社会力量发展普惠托育服务以来,已经有多方社会力量积极进入到了该行业。国家托育机构备案信息系统自2020年1月8日上线以来,截至2021年2月1日,全国规范化登记托育机构共13477家。但是很多早教机构师资都是由自身培训系统产出,不仅培训质量难以保证,而且市场力量的介入加重了家长的焦虑(经济条件不好的家庭可能无法接触到这些早期教育资源,经济条件尚可的家庭有接受更高质量的早教资源的需求),这都使得儿童早期发展的前景堪忧。此外,市面上很多早教资源来源于国外(显得"高大上",家长愿意买单),但这并非本土适配的资源,是否适用于中国儿童有待商榷。最后,虽然一些高校研究机构及各类社会力量都已提供了部分儿童早期发展服务人员,但不管从数量上,还是从质量(科学性、实用性)上,现阶段的人才供给都还远不能满足社会对儿童早期发展人才的需求。

事实上,由于自大学本科及研究生等更高教育系统产出的婴幼儿早期发展专业人才很难扎根农村为婴幼儿及家长提供儿童早期发展服务,因此,从可行性和可落地性的角度考虑,开发适用于中职及以上受教育程度的婴幼儿早期发展服务人才培养的课程体系和内容成为我们新的努力方向。2014年7月起,CEEE已经开始探索儿童早期发展课程开发并且培养能够指导农村地区照养人科学养育婴幼儿的养育师队伍。项目团队率先组织了30多位教育学、心理学和认知科学等领域的专家,结合牙买加在儿童早期发展领域进行干预的成功经验,参考联合国儿童基金会0—6岁儿童发展里程碑,开发了一套适合我国农村儿童发展需要、符合各月龄段儿童心理发展特点和规律,以及包括所研发的240个通俗易懂的亲子活动和配套玩具材料的《养育未来:婴幼儿早期发展活动指南》。在儿童亲子活动指导课程开发完成并成功获得中美两国版权认证后,项目组于2014年11月在秦巴山区四县开始了项目试点活动,抽调部分计生专干将其培训成养育师,然后由养育师结合项目组开发的亲子活动指导课程及玩教具材料实施入户养育指导。评估结果发现,该项目不仅对婴幼儿监护人养育行为产生了积极影响,而且改善了家长的养育行为,对婴幼儿的语言、认知、运动和社会情感方面也有很大的促进作用:与没有接受干预的婴幼儿相比(即随机干预实验中的"反事实对照组"),接受养育师指导的家庭婴幼儿认知得分提高了12分。该套教材于2017年被国家卫生健康委干部培训中心指定为"养育未来"项目指定教材,且于2019年被中国家庭教育学会推荐为"百部家庭教育指导读物"。2020年CEEE将其捐赠予国家卫生健康委人口家庭司,以推进未来中国3岁以下婴幼儿照护服务方案的落地使用。此外,考虑到如何覆盖更广的人群,我们先后进行了"养育中心模式"服务和"全县覆盖模式"服务的探索。评估发现有效后,这些服务模式也获得了广泛的社会关注和认可。其中,由浙江省湖畔魔豆公益基金会资助在宁陕县实现全县覆盖的"养育未来"项目成功获选2020年世界教育创新峰会

(World Innovation Summit for Education,简称 WISE)项目奖,成为全球第二个、中国唯一的婴幼儿早期发展获奖项目。

自 2018 年起,CEEE 为持续助力培养 0—3 岁婴幼儿照护领域的一线专业人才,联合多方力量成立了"婴幼儿早期发展专业人才(养育师)培养系列教材"编委会,以婴幼儿早期发展引导员的工作职能要求为依据,同时结合国内外儿童早期发展服务专业人才培养的课程,搭建起一套涵盖"婴幼儿心理发展、营养与喂养、保育、安全照护、意外伤害紧急处理、亲子互动、早期阅读"等方面的课程培养体系,并在此基础上开发这样一套专业科学、经过"本土化"适配、兼顾理论与实操、适合中等受教育程度及以上人群使用的系列课程和短期培训课程,用于我国 0—3 岁婴幼儿照护服务人员的培养。该系列课程共 10 门教材:《0—3 岁婴幼儿心理发展的基础知识》与《0—3 岁婴幼儿心理发展的观察与评估》侧重呈现婴幼儿心理发展基础知识与理论以及对婴幼儿心理发展状况的日常观察、评估及相关养育指导建议等,建议作为该系列课程的基础内容首先进行学习和掌握;《0—3 岁婴幼儿营养与喂养》与《0—3 岁婴幼儿营养状况评估及喂养实操指导》侧重呈现婴幼儿营养与喂养的基础知识及身体发育状况的评估、喂养实操指导等,建议作为系列课程第二阶段学习和掌握的重点内容;《0—3 岁婴幼儿保育》《0—3 岁婴幼儿保育指导手册》与《婴幼儿安全照护与伤害的预防和紧急处理》侧重保育基础知识的全面介绍及配套的练习操作指导,建议作为理解该系列课程中婴幼儿心理发展类、营养喂养类课程之后进行重点学习和掌握的内容;此外,考虑到亲子互动、早期阅读和家庭指导的重要性,本系列课程独立成册 3 门教材,分别为《养育未来:婴幼儿早期发展活动指南》《0—3 岁婴幼儿早期阅读理论与实践》《千天照护:孕婴营养与健康指导手册》,可在系列课程学习过程当中根据需要灵活穿插安排其中。这套教材不仅适合中高职 0—3 岁婴幼儿早期教育专业授课使用,也适合托育从业人员岗前培训、岗位技能提升培训、转岗转业培训使用。此外,该系列教材还适合家长作为育儿的参考读物。

经过三年多的努力,系列教材终于成稿面世,内心百感交集。此系列教材的问世可谓恰逢其时,躬逢其盛。我们诚心寄望其能为贯彻党的十九大报告精神和国家"幼有所育"的重大战略部署,指导家庭提高 3 岁以下婴幼儿照护能力,促进托育照护服务健康发展,构建适应我国国情的、本土化的 0—3 岁婴幼儿照护人才培养体系,提高人才要素供给能力,为实现我国由人力资源大国向人力资源强国的转变贡献一份微薄力量!

史耀疆<br>
陕西师范大学<br>
教育实验经济研究所所长<br>
2021 年 9 月

# 前　言

2002年时任联合国秘书长安南提出"每个儿童都应该有一个尽可能好的人生开端",这明确指出每个儿童都应该接受良好的基础教育,该言论引起了国际社会的反响。近年来,我国对0—3岁婴幼儿早期发展和看护重要性的认识也达到了前所未有的高度。2019年国务院办公厅颁布了《促进3岁以下婴幼儿照护服务发展的指导意见》,在该意见中明确提出了我国对0—3岁婴幼儿照护的总体要求、主要任务和保障措施,为我们指明了具体的努力方向。国家卫生与健康委员会紧随其后,组织制定了《托育机构设置标准(试行)》和《托育机构管理规范(试行)》,自2019年10月8日起施行。这些文件都昭示了从国家层面对0—3岁婴幼儿早期发展的重视,也激发了我们更多地关注0—3岁婴幼儿的健康、语言、认知、情感和动作等方面的发展。

然而中国对0—3岁婴幼儿的发展和照护之现实却不容乐观,虽然城市的托育机构和早教中心如雨后春笋,但相关工作人员以及家长对0—3岁婴幼儿早期发展的规律和特点却不甚了然,我国为数众多的农村地区,对0—3岁婴幼儿的早期关心和发展促进工作方兴未艾,要真正落实国务院的指示精神,我们任重而道远!

陕西师范大学教育实验经济研究所(CEEE)"养育未来"项目负责人史耀疆教授架起了国家政策与农村0—3岁育儿实践之间的桥梁,不辞辛劳特意从西安赶到上海,莅临华东师范大学,把撰写这本《0—3岁婴幼儿心理发展的基础知识》以及姊妹篇《0—3岁婴幼儿心理发展的观察及评估》的光荣而又艰巨的任务交付给我,使我深深感到了信任和责任的重量!

自接到任务后,我立即组成了撰写团队,对本书的框架进行了反复商讨后,形成了本书纵横交错的结构。

所谓"纵",指对0—3岁婴幼儿的月龄分段。0—3岁婴幼儿心理发展的最大特点就是以月为单位迅速地成长。为使读者能把握0—3岁婴幼儿各月龄段的发展规律,本书根据婴儿越小、发展越迅速的特点,大体把0—1岁婴儿分成"0—3个月"、"4—6个月"、"7—12个月"三个月龄段,而1—2岁幼儿的月龄段就适当放宽,分别分为"13—18个月"、"19—24个月"两个月龄段,2—3岁幼儿的发展速度相对放慢,所以就完整地以"25—36个月"一个年龄段来描述其心理发展的相关基础知识。但由于0—3岁婴幼儿在不同的领域发展的速率并不全然相同,所以在不同领域中发展月龄的划分有更精细化和更粗犷化之分。

所谓"横",指每个月龄段都将涵盖"感知觉"、"动作"、"认知"、"言语"及其"社会性-情绪"五大板块来进行阐述,其理由是国际国内各种0—3岁婴幼儿心理发展的教材或发展指南所聚焦的0—3岁婴幼儿心理发展维度虽有多寡不均,但最基本不外乎上面列举的五大板块。

本书所分的五大发展领域板块有两个不同之处:一是"分";二是"合"。

所谓"分",就是将"感知觉"发展从"认知"发展领域中分离出来。何以敢如此"冒天下之大不韪"?盖源于对0—3岁婴幼儿心理发展特点之认识。诚如意大利心理学家蒙台梭利所言,儿童的发展从感觉通道开始;瑞士心理学家皮亚杰将0—2岁婴幼儿的心理发展阶段称之为"感觉—运动期",这都说明0—3岁婴幼儿的"感知觉发展"具有独特的重要意义。与此同时,0—3岁婴幼儿"感知觉发展"的内容丰厚,要再与已有丰富内容的"认知发展"合成一章,也会显得特别臃肿。基于这两个方面考虑,决定分两章。

所谓"合",是指在一般教材中通常独立成章的"社会性"和"情绪"两大发展领域合二为一,成为"社会性-情绪"一章。主要理由是0—3岁婴幼儿的社会性发展更伴有强烈情绪色彩,而情绪的发展又渗透于社会性交往之中。由于两者的密切性,在享誉世界的心理学巨著《儿童心理发展手册》的第三版已将"社会性-情绪"归为一卷。鉴于此,本书也将0—3岁婴幼儿的"社会性发展"与"情绪发展"合并成一章加以阐释。

本书的特点有三个:坐标式、图文式和简约式。

所谓坐标式,就是读者如需了解0—3岁婴幼儿在某月龄段里面的感知觉、动作、认知、言语或社会性-情绪发展,只需按图索骥,立刻能在纵横交错的结构里找寻到相关内容。

所谓图文式,就是以图配文或文配图的形式,让一些艰涩难懂的内容能够通过图文并茂的方式得到直观的理解。

所谓简约式,就是对0—3岁婴幼儿心理发展的基础知识尽可能用言简意赅的方式来表达,便于读者能够简易迅速地掌握本书涉及的众多知识点。

本书的框架构成、全书统稿以及第一章由周念丽负责并撰写,第二章至第六章由淮北师范大学教育学院学前教育系的讲师崔丽、山西大同大学教育学系讲师刘永丽撰写。本书从撰写到付梓,前后历经3年,修改或几近重写达18次之多。尽管如此,依然难免有挂一漏万之处。

本书在撰写过程中,得到了陕西师范大学教育实验经济研究所(CEEE)"养育未来"项目组的史耀疆教授、李英老师、岳爱老师及吕欢欢助理等不厌其烦的悉心指导,还为此书及姐妹篇两次组织专家评审工作坊,逐字逐句进行研讨剖析,严谨细致的工作态度令我们极为感佩，感激之情溢于言表！

在本书的撰写过程中，我也经历了至亲的亲人突然溘然长逝的巨大悲痛，为此久久不能进入工作状态，感谢陕西师范大学教育实验经济研究所（CEEE）"养育未来"项目组及相关合作伙伴的忍耐和宽容，让我假以时日，略微抚平悲痛后完成本书的撰写和审定。最后，感谢我的女儿张瀛舟，能够在突然遭受灭顶之灾后与我相依为命，携手砥砺前行！

周念丽

2021 年 5 月 18 日

# 目　录

## 第一章　0—3岁婴幼儿心理发展基础知识的总述 / 1

### 第一节　心理发展概论 / 4
一、重要术语解读 / 4
二、发展轨迹概览 / 7
三、关联理念诠释 / 10

### 第二节　主要理论 / 15
一、精神分析学派理论 / 15
二、行为主义学派理论 / 18
三、社会生态学理论 / 21

### 第三节　相关政策与项目 / 23
一、政策制定所依据的研究结果 / 23
二、重要政策与项目 / 24

本章小结 / 28

巩固与练习 / 29

## 第二章　0—3岁婴幼儿感知觉发展的基础知识 / 31

### 第一节　感知觉发展概述 / 33
一、概念、理论、价值 / 33
二、发展的一般特点 / 36

### 第二节　发展轨迹 / 37
一、感觉发展 / 37
二、知觉发展 / 42

本章小结 / 48

巩固与练习 / 48

## 第三章　0—3岁婴幼儿动作发展的基础知识 / 49

第一节　概念、理论和特点 / 51

　　一、概念和理论 / 52

　　二、一般特点 / 54

第二节　发展轨迹 / 55

　　一、无意反射 / 55

　　二、有意识动作发展 / 56

本章小结 / 68

巩固与练习 / 70

## 第四章　0—3岁婴幼儿认知发展的基础知识 / 71

第一节　发展概述 / 74

　　一、概念与理论 / 74

　　二、发展轨迹和特点 / 80

第二节　注意的发展 / 82

　　一、基本概念 / 82

　　二、发展轨迹 / 84

第三节　记忆的发展 / 89

　　一、基本概念 / 89

　　二、发展特点和轨迹 / 91

第四节　思维的发展 / 95

　　一、基本概念 / 95

　　二、表象与思维 / 96

　　三、发展轨迹 / 97

本章小结 / 100

巩固与练习 / 101

## 第五章  0—3岁婴幼儿言语发展的基础知识 / 103

### 第一节  发展概述 / 105
一、基本概念 / 106
二、言语发展的理论 / 107
三、发展价值 / 109

### 第二节  发展轨迹 / 110
一、前言语发展轨迹 / 110
二、言语的发展轨迹 / 112

本章小结 / 120

巩固与练习 / 121

## 第六章  0—3岁婴幼儿社会性-情绪发展的基础知识 / 123

### 第一节  发展概述 / 127
一、社会性发展概述 / 127
二、情绪发展概述 / 133

### 第二节  社会性发展特点和轨迹 / 141
一、个体发展 / 141
二、人际互动发展 / 152

### 第三节  情绪的发展轨迹 / 160
一、情绪表达的发展轨迹 / 160
二、情绪理解的发展轨迹 / 163
三、情绪调控的发展轨迹 / 165

本章小结 / 166

巩固与练习 / 168

# 主要参考文献 / 170

# 致谢 / 172

# 第一章

# 0—3岁婴幼儿心理发展基础知识的总述

## 学习目标

- 能够了解0—3岁婴幼儿心理发展关联的重要术语。
- 大体了解0—3岁婴幼儿心理发展趋势。
- 知晓重要理论及其启发意义。

### 本章重点

- 0—3岁婴幼儿心理发展核心概念。
- 0—3岁婴幼儿心理发展轨迹。
- 0—3岁婴幼儿心理发展的政策。

## 学习内容

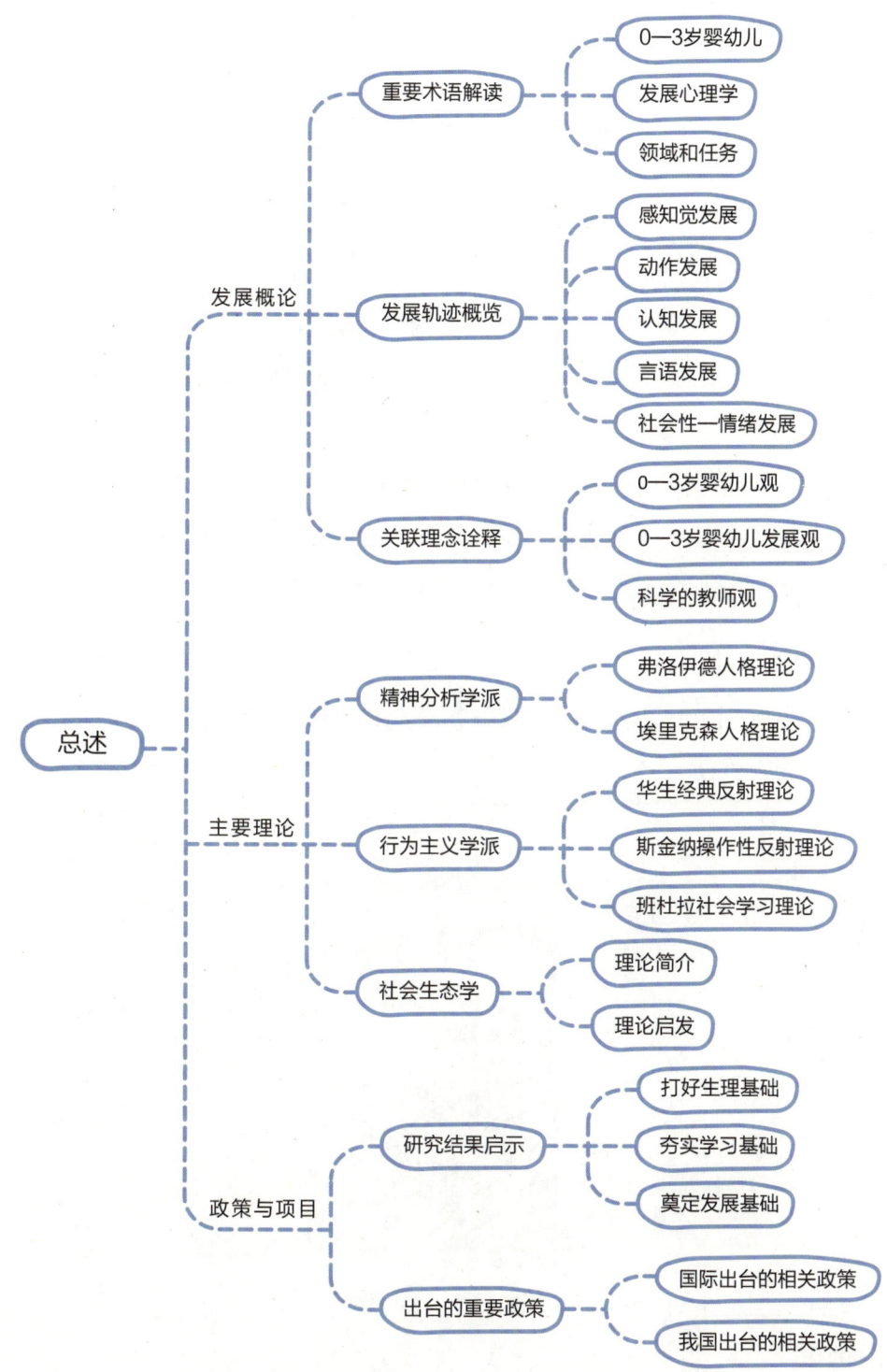

- 总述
  - 发展概论
    - 重要术语解读
      - 0—3岁婴幼儿
      - 发展心理学
      - 领域和任务
    - 发展轨迹概览
      - 感知觉发展
      - 动作发展
      - 认知发展
      - 言语发展
      - 社会性—情绪发展
    - 关联理念诠释
      - 0—3岁婴幼儿观
      - 0—3岁婴幼儿发展观
      - 科学的教师观
  - 主要理论
    - 精神分析学派
      - 弗洛伊德人格理论
      - 埃里克森人格理论
    - 行为主义学派
      - 华生经典反射理论
      - 斯金纳操作性反射理论
      - 班杜拉社会学习理论
    - 社会生态学
      - 理论简介
      - 理论启发
  - 政策与项目
    - 研究结果启示
      - 打好生理基础
      - 夯实学习基础
      - 奠定发展基础
    - 出台的重要政策
      - 国际出台的相关政策
      - 我国出台的相关政策

0—3岁婴幼儿是人类最柔软的群体,他们良好的心理发展就是为人生系好第一颗扣子。关注0—3岁婴幼儿的心理发展,不仅关系到个体的将来,而且更是关联到民族和国家的未来,本课程的重要性自不待言。

# 第一节 心理发展概论

作为本书的开篇,首先需要聚焦本课程的核心概念。诚如古人所言"名不正则言不顺、言不顺则事不成",要学好这门课,需掌握最基本的核心概念,主要包含三个方面:有关0—3岁婴幼儿心理发展的重要术语解读、发展的轨迹概览以及主要的理念诠释。

## 一、重要术语解读

重要术语解读将从"0—3岁婴幼儿""0—3岁婴幼儿发展心理"和"0—3岁婴幼儿发展心理学领域和任务"这三个关键词逐次进行。

### (一) 0—3岁婴幼儿

按照国内外现行的医学以及心理学的分类,人从出生到幼儿期可分为以下几个阶段:

1. 出生和新生儿期

出生—1个月。

2. 婴儿期

1—12个月,相当于乳儿期。

图1-1 刚满70天的婴儿①

---

① 图片由杨梅提供。

### 3. 学步儿期

13—24 个月。

图 1-2 "我两岁了!"①

### 4. 早期儿童期(early childhood)

2—6 岁,相当于幼儿期。

目前,儿童心理学和发展心理学界对婴儿期的划分主要根据三种不同的学说。②

(1) 0—1 岁说

此学说认为,婴儿是指那些尚无口头语言能力的儿童。因为英语中的婴儿(infant)来自于拉丁文"infants",其原意就是"不会说话"。这一学说强调了口头语言能力在儿童发展过程中的作用,在欧美的心理学界颇为流行。

(2) 0—2 岁说

有些研究者认为,将婴儿定义为 0—1 岁的年龄范围过于狭小,不利于对他们的心理发展进行广泛和深入的探讨。因此,主张将婴儿期定位在 0—2 岁,由此逐渐取代 0—1 岁之说,以便对婴儿的心理发展过程开展全面研究。因其将婴儿的年龄范围扩大,更有科学性,因而目前欧美的心理学著作大都以此为依据,例如,由贝克(L. E. Berk)在 2004 年编著的颇具影响力的《发展心理学》就是依据这样的分类来编写的。

(3) 0—3 岁说

这一观点认为,从出生到 3 岁的儿童都应该属于婴儿范围。因为儿童的心理机能发展,都是以 36 个月为分水岭。此学说改变了以往对婴儿的研究在 2 岁时戛然而止的情况,能更深入和系统地研究婴儿的心理发展。二十世纪 80 年代以后,这一观点已逐渐被更多的研究

---

① 图片由张瀛舟提供。
② 庞丽娟,李辉. 婴儿心理学[M]. 杭州:浙江人民出版社,1993:2—3.

者所接受,在学术界占领先地位,例如,帕帕里亚(D. E. Papalia)在2004年按照这样的分类编写了《人类发展》一书,目前在美国影响甚大的"0—3岁协会"(Zero to Three Association)也是这一观点的有力支持者。

本书将0—3岁婴幼儿看作是一个连续的整体。目前,我国的早教中心的服务对象都主要集中在0—3岁婴幼儿,托儿所接收的儿童也大都是0—3岁婴幼儿,因此这样的界定更有利于"心理学—教育学—社会学"的三维研究模式的运用。名称上按照国际医学标准,将0—1岁儿童称为婴儿,省略"学步儿"的称呼,将1—3岁儿童统称为幼儿。

### (二)发展心理学的概念

发展心理学研究的对象是以人为主的生命体,研究其从受精卵的形成到死亡的整个生命过程中身心状态和机制的成长、变化的规律。

发展心理学的研究目的是探索生命体心理活动的一般法则,同时探明各种特殊形态的规则以及特殊规则与一般法则之间的相互关系。

### (三)0—3岁婴幼儿发展心理学的概念

0—3岁婴幼儿发展心理学属于心理学的一个分支,研究从胎儿到3岁婴幼儿的生理和心理机制的成长、变化规律。0—3岁婴幼儿发展心理学在探明其一般的心理活动规律的同时,还探究0—3岁婴幼儿的感知觉、动作、认知、社会性-情绪等领域的发展规律。

### (四)0—3岁婴幼儿发展心理的研究领域和任务

本教材锁定的研究领域和任务分述如下。

#### 1. 0—3岁婴幼儿发展心理学的研究领域

我国的儿童心理学著作大都就儿童的生理和运动、感知觉发展、思维和认知发展、言语和情绪发展以及亲子关系和同伴关系的发展等领域分别叙述,本教材根据最新研究动态,将研究领域锁定如图1-3。

本教材与以往教材的不同点在于"分"与"合"。"分"是将感知觉发展从认知发展部分分离出来,根据蒙台梭利和皮亚杰的理论,0—3岁婴幼儿探索世界的最重要的手段就是感觉通道,因强调其重要性,特意从认知部分剥离出来。"合"是将社会性和

图1-3 本教材锁定的研究领域

情绪发展合二为一,其理由是人的情绪大都是在对自己及其他人的认知基础上产生,社会性交往与个体的情绪密不可分。具体理由请参看第六章的开篇。

#### 2. 0—3岁婴幼儿发展心理学的研究任务

本教材锁定的研究任务可以突出地以三个"W"来表示,即"What"(是什么),揭示和描述0—3岁婴幼儿心理发展过程的共同特征与模式;"When"(什么时间),揭示或描述这些特征与模式发展变化的时间表;"Why"(什么原因),对该发展变化的过程进行解释,分析发展的影响因素和内在机制。总之,0—3岁婴幼儿发展心理学的任务就在于描述、解释、预测0—3岁婴幼儿的行为。

## 二、发展轨迹概览

0—3岁婴幼儿的心理发展因其复杂性,其特点很难一言以蔽之,在此仅根据0—3岁婴幼儿具有里程碑意义的心理发展特征串联起来,勾勒出他们的发展轨迹。

本教材从第二章开始,对0—3岁婴幼儿的感知觉、动作、认知、语言、社会性-情绪五大板块的发展都有详尽的描述和分析,在此只将0—3岁婴幼儿在这五大板块的主要发展轨迹进行简单描述。

### (一) 0—3岁婴幼儿感知觉发展轨迹

0—3岁婴幼儿的感知觉发展所呈现的大致轨迹是从部分到整体;从笼统的、未分化的感觉向精细的方向发展;从无意性向有意性发展。

图1-4显示了5个月婴儿开始有了主动去闻花意识的心理发展水平。

### (二) 0—3岁婴幼儿动作发展轨迹

0—3岁婴幼儿的动作发展所呈现的大致轨迹,首先,由整体到分化,即他们最初的动作是全身性的、笼统的、散漫的,随后逐渐分化为局部的、准确的、专门化的。其次,他们的动作发展遵守"首尾规律",即从头部到腿部动作的发展(见图1-5)。第三,他们的动作发展由近到远,从身体的中心部位发展到四肢。

图1-4 闻花香的5个月婴儿[①]

---

[①] 周念丽.学前儿童发展心理学[M].上海:华东师范大学出版社,2014:55.

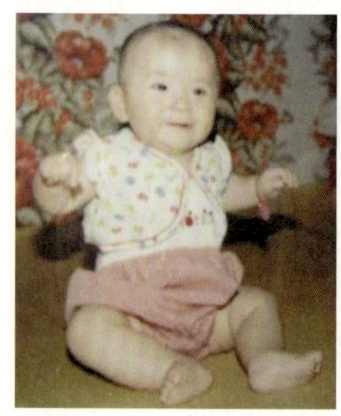 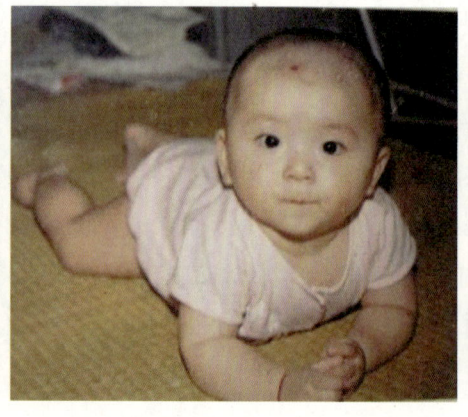 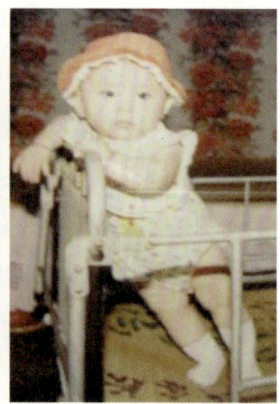

图 1-5　婴儿动作发展中经历的三个里程碑①

### （三）0—3 岁婴幼儿认知发展轨迹

0—3 岁婴幼儿的感知觉发展所呈现的大致轨迹如下：

（1）由我及彼，即从"以自我为中心"逐渐向"去自我中心"转化。

（2）认知发展由表及里，即婴幼儿最初只能认识事物的表面现象，随着月龄的增长，才会逐渐认识到事物的内在本质属性。

（3）认知发展由偏到全，即 0—3 岁婴幼儿在对某一事物或现象进行感知时，起初只看到事物局部属性而忽略整体属性；或只看到事物整体属性忽略局部属性，导致出现部分与整体属性的感知割裂的情况。②

（4）认知发展由低到高，即 0—3 岁婴幼儿对分类概念的习得是从最初简单的认识到比较完全的认识，从朴素的认知到比较科学的认知，由浅入深。

图 1-6 显示 18 个月幼儿探索着小汽车的按钮，力图使小汽车跑起来，这说明该幼儿已具备初步的"因果推理"（按钮为"因"，小汽车动起来为"果"）的能力。

图 1-6　热衷于探索玩具汽车按钮的 18 个月幼儿③

### （四）0—3 岁婴幼儿语言发展轨迹

0—3 岁婴幼儿的语言发展所呈现的大致轨迹如下：

---

① 图片由张瀛舟提供。
② 周念丽.学前儿童发展心理学[M].上海：华东师范大学出版社，2014.
③ 图片由浙江省级机关保俶幼儿园提供。

0—12个月婴儿大都处于前言语阶段，即言语知觉阶段，他们从口头言语的语音知觉，向语音阶段进发，直到音位阶段。

如图1-7所示，13个月以后的幼儿逐渐进入言语阶段，先从言语理解发展开始，包含了语音理解、词义理解、语句理解，继而进行言语表达：从语义表达到句法表达乃至语用表达。

图1-7　认真听老师唱绘本的13个月幼儿①

### （五）0—3岁婴幼儿社会性-情绪发展轨迹

0—3岁婴幼儿的社会性-情绪发展所呈现的大致轨迹分述如下：

（1）自我意识发展：从"主体自我"向"客体自我"转变。"主体自我"指源于生理需求等而产生的本能性自我；"客体自我"，指个体在人际关系中，通过别人对自己的行为反应或对自己的印象和评价所形成的自我概念和自我意识。

（2）自我控制发展：经过了从完全无自控能力到逐渐产生自控能力萌芽，从完全他律到些许自律的历程。

（3）人际互动中的亲子关系：从泛化性依恋到精确性依恋，从完全顺从到反抗意识的产生。

（4）人际互动中的同伴关系：从完全漠然到初步萌芽同伴意识，从全无交往到逐渐合作游戏，从工具性冲突上升到所有权意识的冲突。

图1-8　试图安慰同伴的18个月幼儿②

（5）情绪发展：呈现为情绪表达、理解到调控的发展轨迹，具体为：

情绪表达：从表达基本情绪出发到基本情绪逐渐增加复合情绪的表达。

情绪理解：从他人的表情和肢体语言理解情绪出发，在此基础上逐渐理解他人运用语气、语调和语言等所表达的情绪。

情绪调控：从一味寻求他人帮助下的情绪调控转而从依恋物等寻求安慰以进行自我情绪调节。

图1-8显示了18个月的幼儿已能理解同伴

---

① 该照片由作者摄于日本宇都宫大学所属"学习的森林"保育园。
② 周念丽.学前儿童发展心理学[M].上海：华东师范大学出版社，2014：107.

"哭"的不快情绪而力图去安慰的情景。

### 三、关联理念诠释

理念是指人们对某事物的看法和观点,人的行动受理念所驱使。关联0—3岁婴幼儿心理发展的主要理念有"三观":0—3岁婴幼儿观,0—3岁婴幼儿发展观以及对他们施行保教的机构责任人教师观。这"三观"主要讨论如何看待0—3岁婴幼儿、如何看待0—3岁婴幼儿心理发展以及如何看待对他们所进行的保教工作,在此阐述的目的旨在端正理念,促进实践。

#### (一)科学的0—3岁婴幼儿观

0—3岁婴幼儿观,即认为0—3岁婴幼儿具有何种特点和能力。"儿童观"将决定与0—3岁婴幼儿关联成人的育儿意识和行为。

**1. 每一个0—3岁婴幼儿都是积极主动的学习者**

所有的0—3岁婴幼儿都是一个积极的学习者。在学习和获取知识的过程中,0—3岁婴幼儿的参与愿望要比技能重要得多。所有的(包括特殊儿童在内的)0—3岁婴幼儿都是主动发展与周围世界的关系并积极探索环境的,如图1-9所示。

图1-9 对布制四方体充满好奇的1岁婴儿①

图1-9显示了1岁婴儿对布制四方体充满好奇,认真探索的情形。他们还会通过发出的声音、面部表情及手势来回应成人的语言或和成人进行非语言的互动。他们会主动寻求亲密的、充满关爱的及支持性的关系来实现发展的本能,通过向成人寻求保护并通过成人获得发展。

当我们了解到0—3岁婴幼儿都是积极主动的学习者时,我们就会最大限度地让0—3岁婴幼儿积极主动去探索世界,而不是把他们看成是只能一味接受灌输的被动体。

**2. 每一个0—3岁婴幼儿都是独一无二的**

0—3岁婴幼儿的独特性指每个儿童受制于生物因素、心理因素和社会因素的综合影响,从而形成自身独有的学习风格、潜在能力及发展节奏等。通常,0—3岁婴幼儿所处的家庭、教育背景、社会环境及文化会对其发展产生影响。

---

① 该照片由作者摄于日本宇都宫大学所属"学习的森林"保育园。

0—3岁婴幼儿的独特性具体体现在以下两个方面：

首先，发展速率不同。每个0—3岁婴幼儿都以不同的节奏、个性化的方式学习。0—3岁婴幼儿是以不同的速率发展的个体。

其次，所持潜能不同。每个0—3岁婴幼儿都拥有不断学习并成为有潜力、有能力、有自信且能自我激励的人的潜能。但每个0—3岁婴幼儿受遗传因素和后天经验共同作用的影响而所持有的潜能不同。

我们需要做的是充分认识并鉴别存在于0—3岁婴幼儿之间的巨大个体差异，因材施教。发现每个0—3岁婴幼儿身上的闪光点，促进他们的潜能得到最大程度的发挥。

综上所述，我们每一个与0—3岁婴幼儿有关联的成人都必需先了解0—3岁婴幼儿的身心发展规律，既不可揠苗助长也不可随意降低对他们的发展期待。与此同时，我们对0—3岁婴幼儿的个性特征都要有充分的了解，根据其家庭的文化特征进行相应指导。

**3. 每一个有发展障碍的0—3岁婴幼儿都需接受早期干预**

有发展障碍的0—3岁婴幼儿，指身心发展存在残疾，比如视障、听障、自闭症、脑瘫等或有发展滞后现象的儿童。早发现、早干预对他们而言至关重要，因为这直接影响他们的后续发展，因此保教服务机构必须支持有特殊教育需要及有发展障碍的0—3岁婴幼儿的发展需要。对0—3岁发展障碍儿童的预防和早期干预可以收获最大的发展效益。

### （二）0—3岁婴幼儿发展观

在此所言的0—3岁婴幼儿发展观，主要指我们如何看待0—3岁婴幼儿发展的重要特性。纵观国际研究，归纳出0—3岁婴幼儿的发展具有关联性、柔弱性、日常性、游戏性和体验性这五大特性。

#### 1. 关联性

早期的发展和学习都是多维度的，虽然有各领域划分，但诚如陈鹤琴先生所提出的"五指活动"，0—3岁婴幼儿各领域的发展是紧密联合的。

如图1-10所示，0—3岁婴幼儿的生活各领域之间密切相关，犹如在一个手掌心上的五根手指。照护者和教育工作者需要认识到0—3岁婴幼儿的一个发展领域会影响其他领域，发展的领域不能彼此孤立，应促使婴幼儿所有领域的全面发展。

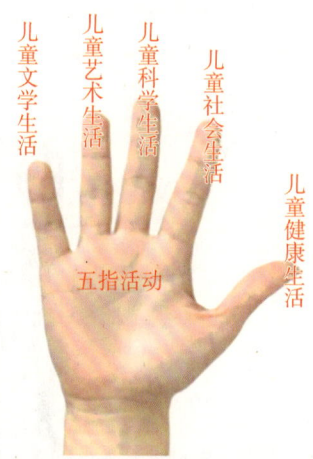

图1-10 陈鹤琴先生的"五指活动"示意图①

---

① 图片由柯小卫先生提供。

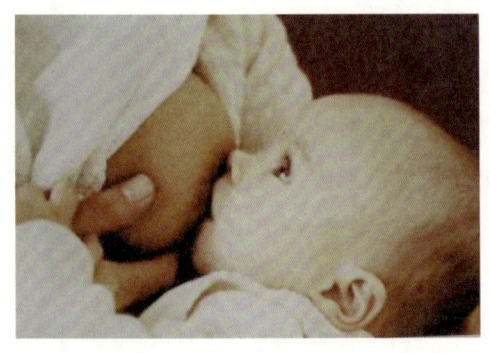

图 1-11 吮吸母乳的婴儿①

### 2. 柔弱性

与其他动物相比,人类婴儿的柔弱状态持续的时间非常久。如图 1-11 为正在吮吸母乳的婴儿。

0—3 岁婴幼儿不仅向成人寻求保护,而且还在家庭中学习如何成为一个有能力的个体,这对成人的挑战是既要考虑到婴儿的柔弱状态,养育和保护婴儿,又要尊重他们日益发展起来的能力,而这需要对婴儿进行充分的理解和保持敏感性。成人对婴幼儿的讲话和互动方式对扮演好这双重角色有重要影响,会促进 0—3 岁婴幼儿形成安全感和信任感。

### 3. 日常性

0—3 岁婴幼儿的发展和学习不是仅在预设的游戏和学习时间,而是发生在他们日常生活中,因为儿童的发展是以整合方式进行的,成人在日常的活动中可以支持他们的发展,比如用餐时间、换尿片、读故事、游戏时间、安静时间、户外游戏和购物等场合,都是支持 0—3 岁婴幼儿学习和发展的机会,提供了一个婴幼儿和成人进行社会性交往的重要时刻。

### 4. 游戏性

0—3 岁婴幼儿主要是通过游戏建立自己的知识体系。他们需要机会通过与材料的互动去发展新的技能,同样需要安全和舒适的环境来练习新的必备技能,并完善这些技能以掌握和学习新的信息。

图 1-12 欢乐游戏着的 2 岁幼儿②

---

① 周念丽.学前儿童发展心理学[M].上海:华东师范大学出版社,2014:58.
② 图片由原三之三幼儿园古北园提供。

照护者和教师可以通过提供有意义的游戏经验来支持婴幼儿的个体学习机会,这将有助于促进 0—3 岁婴幼儿的兴趣、能力和文化的融合。另外,游戏是 0—3 岁婴幼儿早期学习中最有意义的内容,他们可以在游戏中去发现和探索世界。

5. 体验性

让 0—3 岁婴幼儿通过自己的肢体及听觉、视觉、触觉和嗅觉等各种感觉通道,去进行观察、触摸等亲身感知和探索活动来获得早期体验。体验是一种融合的进程,这个进程中含有很多关键的学习领域,早期体验能让 0—3 岁婴幼儿学习到多样的文化,从而发挥其独特的发展潜能。

图 1-13　体验独立进餐乐趣的 1 岁婴儿①

这样的体验需要在一个日常环境而不是与外界隔绝的环境中生硬地教 0—3 岁婴幼儿,而是通过日常生活或设计的活动去满足每一个 0—3 岁婴幼儿发展的需要,促进其自理能力的发展。

(三) 科学的教师观

所谓的"教师观"指对教师在 0—3 岁婴幼儿早期发展和保教所起的作用以及和家长之间协同作用的认知。教师在 0—3 岁婴幼儿的发展中扮演着重要角色,基于此,下面将具体分析教师所应扮演的角色和承担的作用。

1. 教师是积极支持者

教师应该支持 0—3 岁婴幼儿的自我努力和独立,支持他们发展对于自我和文化的积极感受,满足他们在接受照料和保育时所产生的正当需要,对 0—3 岁婴幼儿的感受和兴趣有负责的态度,为儿童提供冒险和探索支持。

---

① 此图由日本宇都宫大学所属"学习的森林"保育园提供。

这些支持能给0—3岁婴幼儿提供心理舒适感和安全感,最大限度激发他们的发展潜能。

#### 2. 教师是敏感的反应者

首先,教师应该敏感地回应0—3岁婴幼儿。教师需要心系所有的0—3岁婴幼儿,并与他们之间形成安全、稳定的关系。但要做到敏感地回应,首先需要识别他们各种需要并作出相应的支持。

图1-14 给予2岁幼儿微笑和关注的教师①

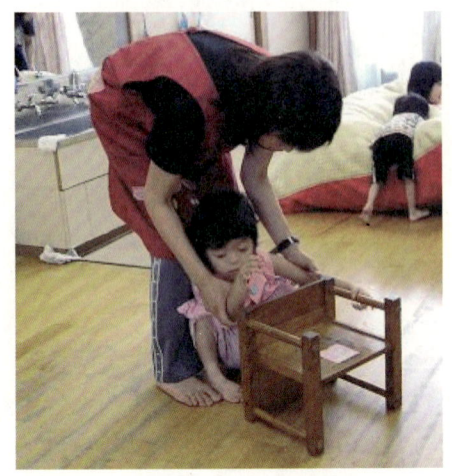

图1-15 敏感地给2岁脑瘫幼儿提供及时帮助的教师②

如图1-15所示,教师看到有特殊教育需求的2岁幼儿无力推起椅子时,立即作出敏感反应,助一臂之力。

其次,教师应该敏感地回应0—3岁婴幼儿的家庭需要。通过对家庭文化背景的了解和细心观察,教师能了解由家庭因素而产生的0—3岁婴幼儿的不同发展水平、发展节奏及行为方式,就可以满足家长育儿的需求,共同寻找适宜0—3岁婴幼儿的独特发展方式。

#### 3. 教师是良好的沟通者

教师应珍视和尊重每个0—3岁的婴幼儿及家庭,能够与来自不同文化环境中的0—3岁婴幼儿家长就其教养方式和育儿期待进行坦诚沟通,为家庭教育向教育机构的过渡提供支持。

#### 4. 教师是认真的观察者

教师通过认真观察,支持每个0—3岁婴幼儿以其独有的个性和发展方式获取体验,评

---

① 该照片由作者摄于日本爱知县某保育园。
② 该照片由作者摄于日本爱知县某保育园。

价他(她)的与人相处、适应日常交流能力等方面的进步,并为其下一阶段的发展做好计划。这部分内容在姊妹篇《0—3岁婴幼儿心理发展观察与评估》中会有更详尽的阐述。

5. 教师是关系的建构者

一个充满爱和敏感回应的养育关系对于0—3岁婴幼儿建立信任感和健康的自我意识是十分重要的。托育机构中的教师要为0—3岁婴幼儿建构积极的人际关系,在充满爱和温暖的关系中使0—3岁婴幼儿建立归属感。在对0—3岁婴幼儿进行保教的同时,教师也要与家庭建立温暖的支持与合作关系,以此共同支持并促进0—3岁婴幼儿的心理发展。

# 第二节 主要理论

本节内容聚焦精神分析学派、行为主义学派以及社会生态学这三个经典理论。虽然这些理论不只论述0—3岁婴幼儿心理发展,但都有密切关联论述,在此择要介绍和分析。

由于皮亚杰和维果茨基的认知建构主义在第四章中有较详尽的阐述,在此不再赘述,下面将分别聚焦三个经典理论,从"理论概述"和"理论启发"两部分来阐释。

## 一、精神分析学派理论

弗洛伊德和他所开创的精神分析学派,震撼着整个人类社会。精神分析学派专注于对人的心理和人格结构进行深入剖析,在此,将聚焦创始人弗洛伊德和首次提出人生发展阶段论的埃里克森的理论进行介绍。弗洛伊德和埃里克森都是坚定的阶段论者,在先天因素和后天环境的问题上,他们都认为儿童每个阶段的发展都受到生物基础和早期经验的共同作用。

### (一)弗洛伊德的人格发展阶段论

弗洛伊德(Sigmund Freud,1856—1939)创立的人格学说深刻地影响了整个西方文化和人们对人的个性乃至社会性发展的看法。

1. 理论概述

弗洛伊德在运用自由联想法对精神病人治疗过程中发现,这些精神病病人的病因大都能追溯到他们童年时的创伤性记忆事件。据此他认为儿童是有性欲的,儿童早期(5岁前),父母对儿童性欲和攻击性行为的管理方式是儿童日后形成健康人格的关键。弗洛伊德所指的"性"具有极其宽泛的含义,包括儿童由吮吸、排泄等方式产生的身体舒适和快乐的情

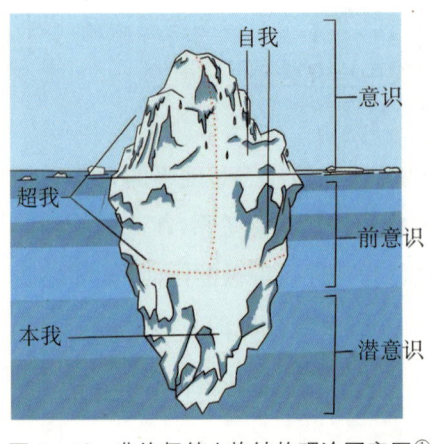

图1-16 弗洛伊德人格结构理论写意图①

感。儿童早期的性能量——里必多(libido的音译)的发展变化决定了其人格发展的特征和心理生活的正常与否。人在不同的年龄,里必多会投向身体的不同部位,弗洛伊德称为"性感区"。在儿童的成长过程中,口腔、肛门、生殖器相继成为快乐的中心。以此为依据,弗洛伊德将儿童的心理发展分为五个阶段:口唇期(0—1岁)、肛门期(1—3岁)、性器期(3—6岁)、潜伏期(6—11岁)、青春期(11/12岁开始)。弗洛伊德还将人格划分为三个部分:本我、自我和超我。

它们代表着三种不同的意识以及三种力量,本我追求快乐,自我面对现实,超我追求完美(见图1-16)。

这三个部分经过上述五个发展阶段的发展,逐渐整合成一体。下面我们就分别介绍与0—3岁婴幼儿有关的心理性欲发展的前两个时期。

(1) 口唇期(0—1岁)

婴儿在这一时期最主要的活动是吃奶,并通过这种方式和母亲互动。吮吸是婴儿快乐的来源,口唇成为里必多投射的部位(见图1-17)。

母亲对于婴儿喂奶的敏感性和反应性对儿童的心理成长意义重大。婴儿的口唇需要满足过度或者不足都可能造成口唇期的固着,即过度集中于口唇的快感获得而无法顺利进入下一个发展阶段。

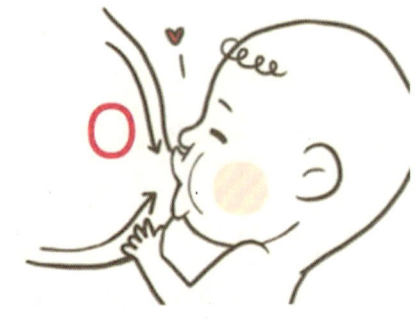

图1-17 吮吸母乳的婴儿②

随着婴儿的成长,其主要食物也发生变化,口腔活动的重要性逐渐降低,这时婴儿就进入了肛门期。

(2) 肛门期(1—3岁)

这一时期的幼儿最感兴趣的是排泄活动,快感来自于身体的排泄过程和排泄后肛门口的感觉,也包括尿道口在排泄中产生的快感。

弗洛伊德还观察到,这一时期的幼儿喜欢玩"释放与控制类"的游戏,比如,把球抛出去又捡回来,重复很多次。这种游戏的过程使幼儿体验到个人的力量和控制力,与控制排泄相似。所以弗洛伊德认为"释放与控制类"的游戏对于这一阶段的幼儿的发展意义重大。

---

① 图片由张嘉楠提供。
② 转引自 https:\\image.baidu.com\search\detail?ct=503316480&z=0&ipn=d&word=吸吮母乳婴儿&step.

### 2. 理论启发

弗洛伊德的理论揭示了0—3岁婴幼儿所处的发展阶段与人格之间的关系，特别是口唇期和肛门期理论引导我们对0—3岁婴幼儿含奶嘴及如厕等看似极为简单的事情有重要的认识。照护者要对婴儿要求哺乳的信号敏感，形成婴儿的安全感，长大后也会对其他人建立信任和正常的人际关系。如果有的父母怕婴儿烦，总给他一个奶嘴哄他，这样做可能使孩子长大后出现依赖、缠人等不良的性格。另外，如果幼儿这一时期的口唇需要没有得到适当满足，也易使儿童期的孩子养成咬铅笔、啃手指头的坏习惯。

对大小便的控制与训练，是这一阶段照护者和0—3岁婴幼儿之间最主要的互动行为。如果照护者过分严格、过早地训练0—3岁婴幼儿控制大小便，即在他们的生理机能还没有达到能够对自己肌肉活动进行完全控制时，这种注定的失败可能使婴幼儿形成羞愧、羞涩、过分追求干净等特点，反之过晚开始如厕训练，则可能使其养成浪费、无条理、邋遢等不良习惯。

根据0—3岁婴幼儿的心理发展特点，婴幼儿应该在家里或托育中心等多玩"释放与控制类"的游戏，如抓球、控制自己身体等。

**（二）埃里克森人格发展理论**

继弗洛伊德之后，埃里克森的理论也较盛行。埃里克森（Erik H. Erikson, 1902—1994）和弗洛伊德都认为发展受到生物性成熟的驱动。不同的是弗洛伊德认为的发展内驱力是潜意识中的性本能，而埃里克森则认为个体要健康的发展必须要克服与年龄相关的一系列的危机。

### 1. 理论概述

埃里克森是弗洛伊德的女儿安娜·弗洛伊德（Anna Freud, 1895—1982）的学生，他提出个体必须成功地通过一系列心理社会性发展阶段，每个发展阶段都会出现一个主要的冲突或危机。埃里克森认为人的一生有八个发展阶段。虽然每个危机不会完全消失，但如果个体想要成功应对后面发展阶段的冲突的话，就需要在特定的阶段充分地解决这个主要的危机。下面我们来陈述与0—3岁婴幼儿心理发展有关的前两个阶段。

（1）信任对不信任（0—1岁）

在埃里克森提出的第一个发展阶段，儿童需要通过与照护者之间的交往建立对环境的基本信任感。信任是儿童对父母强烈依恋关系的自然伴随物。

父母为儿童提供了食物，通过肌肤接触给儿童带来的安全感。但是如果儿童的基本需要没有得到满足的话，比如，照护者不经常出现，经历不一致的回应，缺乏身体的接近和温暖的情感，儿童就可能发展出一种强烈的不信任感、不安全感和焦虑感。

### (2) 自主对羞怯和疑虑(1—3 岁)

埃里克森提出的第二个人生发展课题是在 1—3 岁阶段。幼儿进入该阶段后随着生理的成熟,其活动经验迅速增长,他们人生的重要课题是获得自主感,渴望自己吃饭、穿衣、行走、说话等,12—36 个月的幼儿经常说"不"来拒绝父母成人的帮助和限制,以此获得体验意志的实现,同时需要克服羞怯和疑虑。

图 1-18 记录的就是 2 岁幼儿积极主动拖地板的情形。

图 1-18 积极拖地的 2 岁幼儿①

### 2. 理论启发

埃里克森的理论明确地揭示了 0—3 岁婴幼儿的人生发展课题,这可以引领我们最大程度地为 0—3 岁婴幼儿出色地完成他们的人生发展课题而进行倾力支持。

在第一阶段中,照护者需用敏感性和反应性来积极应对 0—12 个月婴幼儿的生理及心理需求,帮助他们建立对周围世界的信任感。在第二个阶段中,照护者或教师应该适当地对 12—36 个月幼儿的行为给予约束和引导,让他们了解哪些行为是被认可的,哪些行为不被认可。宽松而有一定制约的环境能使这一阶段的幼儿获得不丧失自尊的自我控制能力,但过分的约束和批评可能导致其产生自我怀疑,从而阻碍他们建立自信心。

## 二、行为主义学派理论

行为主义心理学家继承了经验主义哲学家洛克的思想。与弗洛伊德强调内在驱动力相

---

① 该图片由山东省潍坊市寿光教育集团风华托育中心提供。

反,他们相信经验塑造着人的心灵。大部分行为主义心理学家都继承此衣钵,认为环境的外在力量是塑造儿童个性和社会性行为的首要因素。

行为主义学派与精神分析学派一样,在心理学的历史上占有极为重要的地位,代表人物也多达10人,在此主要聚焦华生、斯金纳和班杜拉的理论进行阐述。

### (一) 华生的经典条件反射理论

行为主义的创始人华生(John Broadus Watson,1878—1958)认为心理学的研究对象应该是可以观测到的行为而不是意识,一切行为都是"刺激—反应(S-R)"的过程。

#### 1. 理论概述

华生对待儿童心理发展的基本观点源于洛克的"白板说"。洛克认为婴儿出生时心理类似一块白板,华生也认为,所谓儿童的发展就是在这块白板上建立条件反射"刺激—反应(S-R)"的过程。华生认为儿童的发展受社会环境特别是父母的育儿行为影响,因此他乐于给父母提供育儿建议。他提出的应给婴儿制定严格的哺乳时间表的建议目前还在被美国父母们使用。他认为只有形成了条件反射,婴儿才会在固定的时间期望喝奶而不会在其他时间里哭闹。华生著名的"害怕实验"和"害怕消退实验"为后来行为治疗的系统脱敏法奠定了基础。

图1-19 约翰·华生

#### 2. 理论启发

华生的"刺激—反应"理论给照护者以及教师在给0—3岁婴幼儿建立良好的生活习惯带来很大启发,按照21天习惯形成理论,婴幼儿在3年的成长过程中可以养成许多习惯。因此,重要的是需要成人帮助0—3岁婴幼儿形成和建立良好的生活习惯,这能为他们的人生奠定坚实基础。

### (二) 斯金纳操作性条件反射理论

美国心理学家斯金纳(Burrhus Frederic Skinner,1904—1990)传承了华生的理论,虽然同样提倡"条件反射理论",却代表了旧与新两代行为主义的观点。

斯金纳用操作性条件反射,参见图1-20,而不是经典条件反射来解释行为的获得。他认为人的大部分行为是操作性的,行为的习得与及时强化有关。

比如,一个24个月的幼儿,第一次是无意拿起一个拖把在拖地,母亲见此情况大声欢笑和鼓掌(这称为强化性刺激),该幼儿就会继续去拖地(这是行为反应),后来为了博取母亲的关注和欢笑,该幼儿会频繁地去拿拖把拖地(这就是操作)。

图 1-20 伯尔赫斯·弗雷德里克·斯金纳

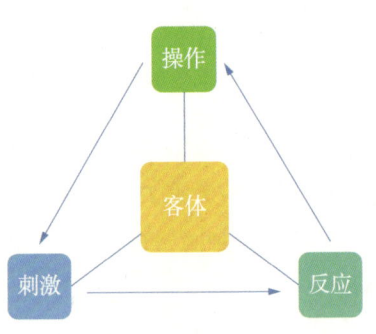

图 1-21 条件性操作反射示意图

2. 理论启发

斯金纳的操作性条件反射理论启示照护者或教师可以通过及时强化来塑造儿童的良好行为,通过不予强化即"忽视"来消退儿童的不良行为。当0—3岁婴幼儿出现好的行为时,照护者可以用微笑、拥抱及鼓掌等正向强化的行为来激励他们,使之形成好习惯,反之,如果婴幼儿出现在地上撒泼打滚等不良行为时,照护者可以通过"忽略"、"惩戒"等消极强化来制止不良行为的屡屡发生。

图 1-22 阿尔伯特·班杜拉

(三)班杜拉社会学习理论

阿尔伯特·班杜拉(Albert Bandura,1925—2021),与斯金纳一样,是新行为主义的主要代表人物之一,同时也是社会学习理论的创始人。

华生和斯金纳都是通过动物实验来建构理论,然后用这些理论来解释人类行为的。美国心理学家班杜拉则着重直接研究人的行为学习。

1. 理论概述

班杜拉的社会学习理论认为,儿童有时并没有外显性的操作而是通过观察他人(榜样)的行为及其强化性结果、获得某些新的反应或矫正现存的反应特点,他称这种过程为"观察学习",在这种情况下,"榜样"所受到的强化对儿童来说是一种"替代强化",如图1-23所示。

图 1-23　通过观察和模仿习得照顾宝宝技能的 2 岁幼儿①

### 2. 理论启发

班杜拉的社会学习理论验证了"榜样的力量是无穷的"这一通俗说法。由此告诉我们,并非 0—3 岁婴幼儿所有的行为都依赖于直接强化,观察和模仿起的作用很大。每一个与 0—3 岁婴幼儿接触的成年人都必须谨慎地行事为人,因为每一个举止和言行都可能成为 0—3 岁婴幼儿模仿和观察的范本。

## 三、社会生态学理论

社会生态学理论在一个非常宽广的情境中研究儿童的社会性发展。该理论持有发展是环境和遗传交互作用的观点,同时非常重视社会文化因素的影响。社会生态学理论包含了生态系统模型、习性学和进化论心理学等,在此只选取最具代表性的生态系统模型理论倡导者布朗芬布伦纳加以介绍。

### 1. 理论概述

美国心理学家布朗芬布伦纳((Urie Bronfenbrenner, 1917—2005)将儿童的发展置于一个具有多个层次多个水平的系统来考察,他认为心理学家们应该在活生生的家庭、学校和社会等自然与社会生态环境中研究儿童的发展。同时,对儿童

图 1-24　布朗芬布伦纳②

---

① Robert S. Siegler. How Children Develop [M]. Worth Publishers, 2003.
② 此图转引自 https://www.51wendang.com/doc/cc23947bf3710f790a954aa4/2.

的心理研究应该注重个体与其所处环境的相互作用过程中的主动性。

布朗芬布伦纳所建构的"社会生态系统模型"将人与环境构成了一个生态系统而共同演进,如图1-25所示,同时强调个体与环境的双向积极适应。

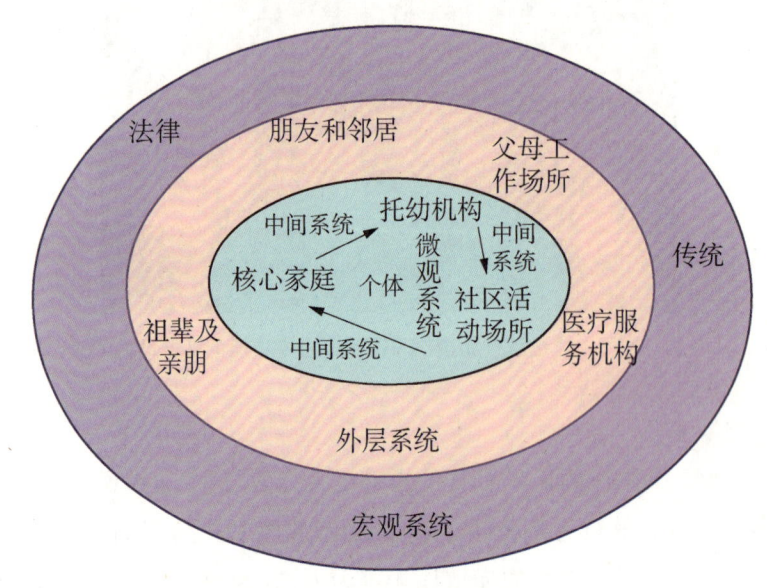

图1-25 社会生态系统模型

从图1-25可知,社会生态系统可分为微观系统(microsystem)、中观系统(mesosytem)、外观系统(exosystem)、宏观系统(macrosystem)。

**微观系统**指发展的个体在生活情境中所经历的活动、扮演的角色及互动关系等形态,主要包括家庭、学校、同伴、游戏场所等,它是对0—3岁婴幼儿心理发展产生最直接影响的系统。

**中观系统**指发展的个体在生活情境中所接触的两个以上的微观系统以及它们之间相互联系和彼此作用。如家庭和学校之间的关系以及学校和社区之间的关系,它是对0—3岁婴幼儿心理发展产生较直接影响的系统。

**外观系统**指个体并未直接参与其中,却对其成长产生着影响的那些环境及其这些环境的联系和相互作用,如父母的工作性质等,对0—3岁婴幼儿心理发展影响虽不那么直接,但会间接地影响其发展。

**宏观系统**指发展的个体在生活情境中背负的整个社会的组织、机构和文化、亚文化等背景,涵盖了上述的各个系统,如社会中的伦理、道德、价值观等,对0—3岁婴幼儿心理发展产生的是渗透性影响。

### 2. 理论启发

从社会生态学理论来看，从微观、中观、外观到宏观，这些系统同时存在并且宏观系统的变化会影响外观系统，并进而影响到个体的微观系统和中观系统。所以对个体发展的考察，不应仅停留在微观系统上，而应在各系统的相互联系中来考察0—3岁婴幼儿的发展。

与此同时，与0—3岁婴幼儿发展最密切的是家庭和托育机构这两个微观系统，因此照护者和教师都应尽最大努力优化这两个环境，为0—3岁婴幼儿的发展构建最优的微观系统。

## 第三节 相关政策与项目

国内外的政府都在积极制订和出台实施相关政策来支持0—3岁婴幼儿的心理发展。制订这些政策所基于的研究结果是什么？国内外有哪些重大项目，出台了哪些重要的相关政策？在本节中将择要阐述。

### 一、政策制定所依据的研究结果

心理学、神经科学和医学等科学领域的探索发现，0—3岁是人类大脑发育的关键时期，此阶段对婴幼儿早期感知觉、动作、认知、语言、社会性和情绪能力的形成与发展均产生重要影响。近30年的研究表明，早期学习对于婴幼儿今后的学校学习乃至个人的生涯发展起到重要基石作用。

#### （一）打好生理基础

人生的前三年是婴幼儿身心发展最迅速的时期。由于婴幼儿的发展是以生理成熟为前提，因此生理的发展对0—3岁婴幼儿来说至关重要。最近的神经生物学的研究已经证实，人的大脑不是出生时就发育完全的，有接近85%的大脑在儿童三岁时才完成。最新研究还发现，0—3岁婴幼儿与成人之间形成的信任亲密关系，将有利于其大脑发展，为他们将来探索周围世界奠定坚实基础。

#### （二）夯实学习基础

0—3岁也是为人类终身学习和人的全面发展夯实基础的重要阶段。虽然其学习成果是在学前教育末期才能表现出来，但早期的良好发展能为将来学校的学习做好准备。因此，需要充分认识早期教育和保育的重要性和基础性，为0—3岁婴幼儿将来在学校及终生的良好发展夯实基础。

### (三) 奠定发展基础

从出生到3岁是整个人生成长发展的最特殊阶段,也是个体一生成长和发展中最为迅速的阶段。为更好地保证0—3岁婴幼儿获得及时和受到尊重的托管和保育,应该让所有与0—3岁婴幼儿发展有关的成年人对这个特殊群体建立合理的发展期望,从而积极地参与到高质量的早期照护与发展计划中来,这将为0—3岁婴幼儿在以后的生活和学习发展中奠定坚实基础。

## 二、重要政策与项目

国内外针对0—3岁婴幼儿的早期发展而实施的国家项目和出台的相关政策非常多,受篇幅所限,在此只选取一些影响比较大的项目及重要政策加以概述。

### (一) 国际上出台的相关政策

全世界对0—3岁婴幼儿的早期发展关注,直接或间接引发了不少国家的政策和计划出台。

#### 1. 普洛登报告(The Plowden Report)[①]

1966年,英国发表了《普洛登报告》,该报告增加了更多的教育成分,由教育部门把当时由卫生部门负责管理的日托机构接管过来。英国政府认识到婴幼儿身心的发展是一个统一的整体,保教统一有利于幼儿身心的统一发展,做到保中有教,教中有保。正如联合国教科文组织曾向国际儿童推荐的《发展中国家儿童保育与教育计划》一书中提到的:"尤其对幼儿,照料与教育对他们来讲,就像纬线和经线一样紧密地交织在一起。"对0—3岁婴幼儿"只养不教"的倾向,将错失最佳的教育期,直接影响早期教育的效果。托幼一体化能够将幼儿的养育和教育结合起来,根据婴幼儿身心发展的特点和规律,制定出完整的学前教育发展目标和切实可行的教育方案,采取有效策略,实施从零岁开始的教育。

在《普洛登报告》问世之后的30年里,英国、美国、新西兰和日本等国也纷纷为0—3岁婴幼儿早期发展制订了国家行动计划。

#### 2. 普鲁凯特计划(Plunket)

普鲁凯特计划[②]于1993年正式启动,属于新西兰的国家行动计划,主要研究0—3岁幼儿早期教育,新西兰教育部在《面向二十一世纪的教育》中指出:"教育必须从出生开始。把新西兰0—3岁婴幼儿培养成世界上最健康的人"。

---

[①] 梅根悟.世界儿童教育史[M].长春:吉林人民出版社,1986.
[②] 周念丽.特殊婴幼儿早期发现和干预的意义探析——基于神经科学角度的审视[J].中国计划生育学杂志,2013,21(11).

### 3. 提前开端计划(Early Head Start)①

提前开端计划是美国政府于1994年在"开端计划"(Head Start)年倡导并负责实施的国家行动计划。主要是针对有孕妇、0—3岁婴幼儿低收入家庭，其组织架构见图1-26。

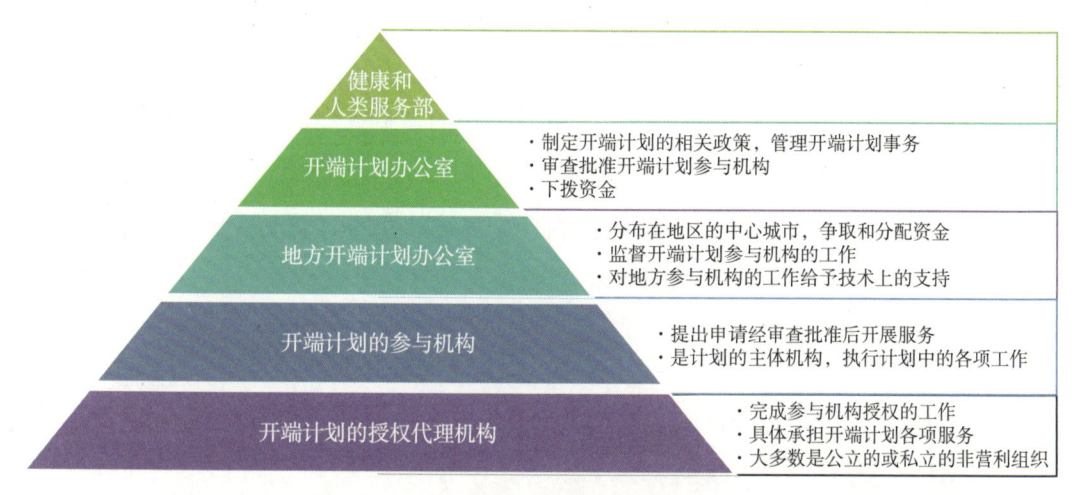

图1-26 美国EHS政府管理机构关系和职责

其重点内容有九项：0—3岁婴幼儿发展、家庭发展、社区构建、工作人员发展、行政与管理、持续推进、发展障碍儿童、社会化和课程。

### 4. 确保开端计划(Sure Start)②

确保开端计划是英国政府于1998年提出的国家行动计划，工作机构运行参见图1-27。

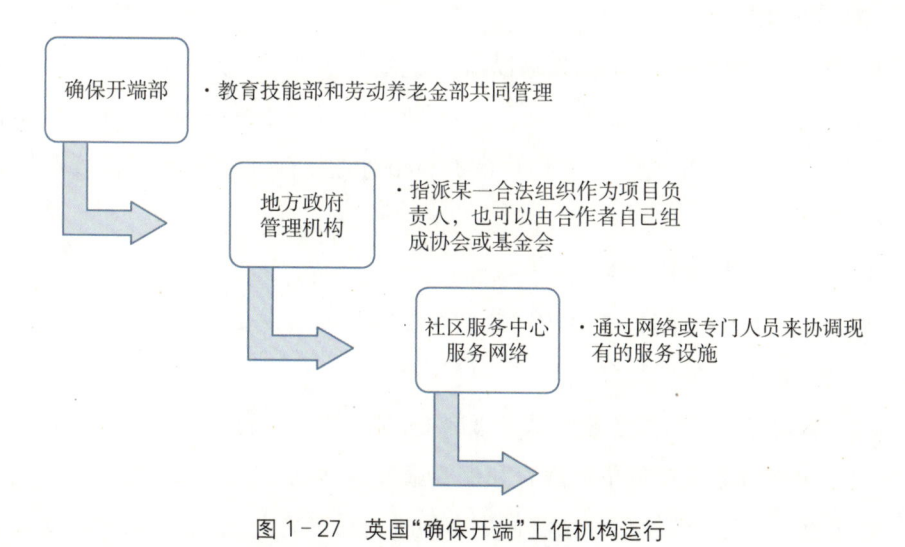

图1-27 英国"确保开端"工作机构运行

---

① http://en.wikipedia.org/wiki/Early_Head_Start.
② http://en.wikipedia.org/wiki/Sure_Start.

该项目主要针对低收入家庭中的0—4岁儿童,其主旨在于改善包括出生前在内的儿童及其家庭健康和福利状况,以促进0—4岁儿童身体健康、社会性-情绪发展。

5. 社区育儿支持计划[①]

社区育儿支持计划由日本厚生劳动省和内阁府共同于2013年颁布的国家制度。

该项目主要在日本行政管理的都道府县下属的各社区设置育儿支持中心,其目的旨在给予照护者以心理和物质支持,减轻其在育儿过程中的孤独感、不安和负担,增强照护者间的社会互动,以此促进0—3岁婴幼儿的早期发展。

综上所述,英、美、日、新西兰等国家都将0—3岁婴幼儿的早期发展和促进纳入了国家层面的行动计划,从管理体制和法律保障以及经济支持都有切实保障。

### (二) 我国出台的相关政策

为了促进0—3岁婴幼儿的心理发展,我国各级政府和相关机构都做了很大努力。

1. 1981—2000年出台的政策

我国从二十世纪开始就把0—3岁婴幼儿早期发展和教育工作纳入国家和相关部门决策。

1981年6月,卫生部妇幼卫生局颁发的《三岁前小儿教养大纲(草案)》,根据三岁前幼小身心发展的特点,提出了托儿所教养工作的具体任务。这是新中国成立后首次就0—3岁婴幼儿的集体教育工作作出的明确规范。该文件沿用至今,在提高托儿所的保教质量方面发挥了重要的指导作用。

从2000年至今,政府强调"大力发展以社区为依托,公办与民办相结合的多种形式的学前教育和儿童早期教育服务"。特别将0—3岁早期教育从托儿所机构教育扩展到多种形式的教育,从只关注三岁前儿童的保育与教育扩展到对三岁前儿童及其家长或看护人员的指导。

2. 2000—2021年出台的政策

2001年5月国务院批准印发了《中国儿童发展纲要(2001—2010)》,该文件第一次提出要发展0—3岁婴幼儿的早期教育。

2003年国务院办公厅转发了教育部等十部委《关于幼儿教育改革与发展的指导意见》,提出为0—6岁儿童和家长提供早期教育和保育服务,全面提高0—6岁儿童家长及看护人员的科学育儿能力。国家政策引导了我们更多地进行科学育儿实践,更强调婴幼儿自然发展的主动性、和谐发展的适宜性、夯实发展的基础性。

---

[①] http://www.mhlw.go.jp/file/06-Seisakujouhou-11900000-Koyoukintoujidoukateikyoku/kyoten26_1.pdf).

2013年教育部在全国已有大量0—3岁婴幼儿的教育实践的基础上,在14个地区启动了"0—3岁婴幼儿早期教育试点"。该举措以科学发展观为指导,坚持公益普惠的基本方向,充分整合公共教育、卫生和社区资源,努力构建以幼儿园和妇幼保健机构为依托,面向社区、指导家长的婴幼儿早期教育服务体系。以发展公益性婴幼儿早期教育服务为目标,落实政府在早期教育中的规划、投入和监管等方面责任,重点在婴幼儿早期教育管理体制、管理制度、服务模式和内涵发展等方面进行研究探索。该举措注重积极开展婴幼儿身心发展规律的研究,开发婴幼儿喂养、生长发育监测、营养指导以及情绪与社会性、语言、智力等方面教育的具体形式和内容。

2019年9月国务院办公厅印发的《关于促进3岁以下婴幼儿照护服务发展的指导意见》是我国历史上首次从国务院层面下发的关于0—3婴幼儿发展的政府文件。

该指导意见指出:"3岁以下婴幼儿(以下简称婴幼儿)照护服务是生命全周期服务管理的重要内容,事关婴幼儿健康成长,事关千家万户。"该指导意见的主旨为促进婴幼儿照护服务发展,具体从"总体要求""主要任务""保障措施""组织实施"四个方面作了具体部署。

2019年10月国家卫生健康委员会人口家庭司为建立专业化、规范化的托育机构,根据相关法律法规以及《国务院办公厅关于促进3岁以下婴幼儿照护服务发展的指导意见》,制定颁布了《托育机构设置标准(试行)》和《托育机构管理规范(试行)》。

在《托育机构设置标准(试行)》中除了总则,对托育机构的设置区域、设施设备、人员规模以及功能职责都作了明确的规定。

而在《托育机构管理规范(试行)》中除了总则,还对托育机构的备案、收托、保育、健康、安全、人员和监督七个方面的管理作了详尽的阐述。

2021年1月,国家卫生健康委依据《托育机构设置标准(试行)》《托育机构管理规范(试行)》,指导托育机构为3岁以下婴幼儿提供科学、规范的照护服务,制定并颁布了《托育机构保育指导大纲(试行)》。

该大纲共由三部分构成。第一部分是总则。总则规定了目的依据、适用范围,明确了托育机构保育的核心要义,强调托育机构保育应遵循"尊重儿童、安全健康、积极回应、科学规范"的基本原则。第二部分是目标与要求。从营养与喂养、睡眠、生活与卫生习惯、动作、语言、认知、情感与社会性等七个方面,分别对照护7—12个月、13—24个月、25—36个月的三个月龄段的婴幼儿提出了目标、保育要点和指导建议。第三部分是组织与实施。从托育机构、托育机构负责人、托育机构保育人员、保育工作、管理制度以及机构家庭社区合作等方面提出了具体要求。

综上,国际上为支持0—3岁婴幼儿发展所实施项目和制订的政策可以是"他山之石用来攻玉",我们国家从宏观政策到机构的管理和服务内容的规定,都让我们看到了政府对0—

3岁婴幼儿发展的深切关怀和切实保障。我们生活在一个最好的时代,也是一个最具挑战的时代。我们每一个现在或未来要参与到0—3岁婴幼儿早期保教的人,都需要成为将政策变成现实的强有力的桥梁,为切实促进每个0—3岁婴幼儿的发展而不懈努力!

## 本章小结

**一、核心概念**

1. 0—3岁婴幼儿:是一个连续的整体,按照国际医学标准,将0—1岁儿童称为婴儿,省略"学步儿"的称呼,将1—3岁儿童统称为幼儿。

2. 发展心理学:研究人从受精卵形成到死亡的整个生命过程中身心状态和机制的成长、变化的规律科学。

3. 0—3岁婴幼儿发展心理的研究领域:感知觉、动作、认知、语言、社会性-情绪。

4. 0—3岁婴幼儿发展心理的任务:描述、解释、预测和干预0—3岁婴幼儿的行为。

**二、关联理念**

1. 科学的0—3岁婴幼儿观:0—3岁婴幼儿都是积极主动学习者,他们都是独一无二的,有发展障碍的0—3岁婴幼儿都需接受早期干预。

2. 0—3岁婴幼儿发展观:0—3岁婴幼儿发展具有关联性、柔弱性、日常性、游戏性和体验性这五大特性。

3. 科学的教师观:教师是积极支持者、敏感的反应者、良好的沟通者、认真的观察者、关系的建构者。

**三、相关理论**

1. 精神分析学派:专注于对人的心理和人格结构进行深入剖析,认为儿童每个阶段的发展受到生物基础和早期经验的共同作用。

2. 行为主义学派:环境的外在力量是塑造儿童个性和社会性行为的首要因素。

3. 社会生态学理论:该理论持有发展是环境和遗传交互作用的观点,同时非常重视社会文化因素的影响。

**四、关联政策**

1. 国际上主要项目:普鲁凯特计划、提前开端计划、确保开端计划、社区育儿支持计划。

2. 我国的主要政策:国务院办公厅颁发的《关于促进3岁以下婴幼儿照护服务发展的指导意见》、国家卫生健康委员会制定颁布了《托育机构设置标准(试行)》和《托育机构管理规范(试行)》。

> 巩固与练习

1. 简述0—3岁婴幼儿心理发展的研究领域和任务。
2. 简析班杜拉的观察学习理论带给我们的思考。
3. 分析教师观对托育机构工作可能产生的影响。

# 第二章 0—3岁婴幼儿感知觉发展的基础知识

## 学习目标

- 知晓 0—3 岁婴幼儿感知觉发展的重要术语。
- 了解 0—3 岁婴幼儿感知觉发展轨迹。

## 本章重点

- 0—3 岁婴幼儿感知觉发展概念。
- 0—3 岁婴幼儿感知觉发展的一般特点。

## 学习内容

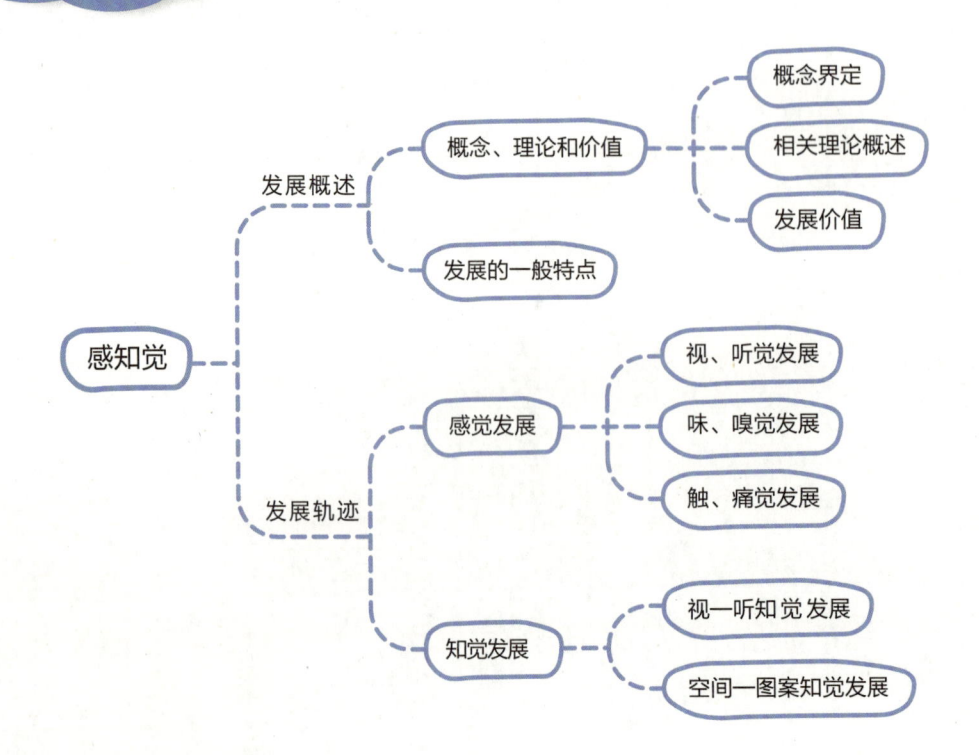

感知觉
- 发展概述
  - 概念、理论和价值
    - 概念界定
    - 相关理论概述
    - 发展价值
  - 发展的一般特点
- 发展轨迹
  - 感觉发展
    - 视、听觉发展
    - 味、嗅觉发展
    - 触、痛觉发展
  - 知觉发展
    - 视—听知觉发展
    - 空间—图案知觉发展

> **小·案例**
>
> 丁丁满月了。妈妈把可以发出不同声音的玩具(如小喇叭,小鸭子等)藏在丁丁看不见的地方。当妈妈摇动玩具使其发出声音时,发现丁丁对不同的声音兴趣不一样:当摇动小喇叭发出很大的"滴滴"声时,丁丁会转过头来寻找声源;当摇动小鸭子发出较小的"嘎嘎"声时,丁丁却不会寻找声源,对小鸭子的声音兴趣不高。
>
> ☞ **聚焦思考**
>
> A:丁丁为什么听到小喇叭的声音时会转头?
>
> B:丁丁对小鸭子的声音为什么兴趣不高?
>
> ☞ **小小分析**
>
> A:丁丁听到小喇叭的声音时会转头是因为婴儿从一出生就有听觉,0—3个月的婴儿喜欢听较高分贝的声音。因此丁丁听到小喇叭发出的声音后会转头。
>
> B:丁丁对小鸭子的声音兴趣不高是因为0—3个月的婴儿对较弱的声音不敏感,对较高的声音反应比较敏锐。与小鸭子相比,小喇叭的声音更响、更高,因此丁丁对小鸭子的声音兴趣不高。

婴儿发生最早的心理维度就是感知觉。在其发展过程中,婴幼儿由信息的被动接收者转变成主动的信息探寻者。在婴幼儿的成长过程中感知觉发展具有重要意义。

本章将阐述0—3岁婴幼儿感知觉发展的意义、特点和发展轨迹。

## 第一节 感知觉发展概述

感知觉的发展对婴幼儿来说具有独特的重要意义,因为他们探索外面的世界主要是通过视觉、听觉、味嗅觉以及触觉等感觉通道来进行的。0—3岁婴幼儿感知觉的发展具有从局部向整体、从笼统趋精确、从无意到有意的特点。

### 一、概念、理论、价值

婴儿期是人类感知觉发展的关键期。在此,将围绕感知觉的概念、相关理论以及感知觉在0—3岁婴幼儿心理发展中的价值这三个方面进行阐释。

### （一）概念界定

我们将对感觉和知觉的概念分别加以界定。

#### 1. 感觉

感觉指单一的内外刺激作用在人的感觉器官上而引起的心理反映。人感受内外刺激的主要器官有眼、耳、舌、鼻和皮肤等。感觉就是对客观事物个别特性（如声音、颜色、气味等）的反映。比如，苹果具有颜色、口感、重量、形状等属性，这些个别属性在我们头脑中的反映就是感觉。

#### 2. 知觉

知觉指人对作用在感觉器官上的内外刺激的整体反映。比如，当人看到一张桌子、听到一首乐曲、闻到花儿的芳香等时都会形成自己的心理感受，这些都是知觉现象。

#### 3. 感觉和知觉的区别和联系

知觉和感觉不同，感觉反映的是客观事物的个别属性，而知觉反映的是客观事物的整体属性。当看到一个红苹果，视觉上看到这是红色的、圆形的，触觉上感到光滑，综合这些感觉之后，看到红苹果就垂涎欲滴，就是知觉，因为觉得这个红苹果能吃、很诱人。

知觉以感觉为基础，但不是感觉的简单相加，而是对大量感觉信息进行综合加工后形成的有机整体。

#### 4. 感知觉的分类

根据感觉器官的不同，感觉分为视、听觉及味、嗅觉和触、痛觉。根据知觉过程中起主导作用的感觉器官，可以将知觉分为视知觉、听知觉等。根据被反映事物的特性，知觉主要是空间知觉。感知觉紧密结合，就能为思维活动提供第一手的感性材料。

### （二）相关理论概述

0—3岁婴幼儿是如何获得感觉这个世界的能力？他是被动还是主动地感受世界？是被周围环境所支配，还是在主动地选择自己感兴趣的事物去感知？关于这些问题，以皮亚杰为代表的丰富化理论和吉布森的知觉生态理论对此都进行了探讨，在此将从"理论概述"和"理论启发"两部分来阐释。

#### 1. 皮亚杰（Piaget）的丰富化理论

皮亚杰的丰富化理论将分为概述和启发两部分来简述。

（1）理论概述

皮亚杰的丰富化理论认为，当婴幼儿在感知某一事物时，每一次感觉都增加了对该事物的认识,并把获得的新感觉与之前的感觉相整合,使之前的感觉更加完整和丰富,并且在不断地感知中得到完善,形成一个完整的概念。比如,婴幼儿在认识青苹果的时候,他先看到苹果的颜色和形状,但是最初他可能把梨子和较青的橘子也当成是青苹果。随着对青苹果味觉和嗅觉的感知,他开始用手的触觉来感知青苹果,逐渐知道青苹果和梨子、橘子的味道和软硬程度是不一样的,于是,他认识了青苹果。最终,随着他对更多水果的接触和感知,他知道青苹果只是苹果中的一种,苹果除了有青苹果,还有很多其他的颜色和种类,如红苹果、黄苹果等,而它们和香蕉又是不一样的水果。皮亚杰把婴幼儿感觉的发展看作是主体和客体相互作用的过程中不断建构的过程。

(2) 理论启发

按照这一理论,成人应该为0—3岁婴幼儿提供丰富的多感官感受的机会,让0—3岁婴幼儿充分运用自己的眼睛、耳朵和手等感觉器官去触摸各种无害的物体,使其积累和发现更多的事物属性,为之后的知识建构奠定基础。

2. 吉布森(Gibson)的知觉生态理论

对吉布森的知觉生态理论也将分为概述和启发两部分来简述。

(1) 理论概述

吉布森在1950年出版的《视觉世界的知觉》一书中提出了与传统的知觉理论不同的创新性知觉理论。传统的知觉理论主张知觉是由刺激引起感觉后转化而成的,具有间接性,因此称为间接知觉论。吉布森的知觉理论则认为知觉是人与外界接触的直接产物,它是外界物理能量变化的直接反映,不需要思维的中介过程。他认为,在长期进化过程中,因适应环境需要,人类和其他动物一样逐渐形成了一种根据刺激本身特征即可直接获得知觉经验的能力。他与妻子埃莉诺合作采用"视觉悬崖"(visual cliff)的设计,用实验证明了他的理论。由于他主张知觉由刺激直接引起,因此称为直接知觉论(direct perception theory)。

(2) 理论启发

吉布森理论强调了知觉经验的获得是在具体环境中产生的。因此,我们要为0—3岁婴幼儿提供丰富的知觉刺激,使之在适应社会环境之际,能更多地感受和知觉周围环境中的对象和空间位置等。

(三) 感知觉在0—3岁婴幼儿发展中的价值

感知觉是认识的开端,是获得知识的源泉。感知觉是一切心理现象的基础,也是个体与环境保持平衡的保障。

1. 感知觉是其他心理现象产生的基础

新生儿在出生时就具备了一套完整的无条件反射装置,拥有听觉、视觉、温度觉、触觉和痛觉等重要的感知觉能力。随着个体的生长,新生儿将逐步具备更为完善的感觉能力和一定的知觉组织能力。如果没有感知觉,那么个体的记忆、思维、想象、情感等较复杂的心理现象将无法发生和发展,只有在给予充足的感知觉刺激后,婴幼儿的感知能力才能充分发展,记忆存储的知识经验才越丰富,思维、想象发展的潜力才越大。

2. 感知觉是婴幼儿认知世界的基本手段

感知觉是0—3岁婴幼儿认知结构中最重要的组成部分,是他们认知世界的基本手段。在日常生活中,婴儿通过视觉、听觉、触觉等感觉通道了解外部世界的物质属性,形成自己的经验,并为其后续心理活动的产生、发展奠定基础。当代心理学把人的认知过程分为感知、记忆、控制、反应四个子系统。在婴儿期,控制系统所发挥的作用极其有限。婴儿对客观世界的认知主要凭借感知系统,反应的方式以动作为主,认知的基本方式为"感知—动作"方式。

3. 感知觉在婴幼儿认知活动中占主导地位

2岁以后的幼儿,虽然语言和思维得到发展,但在整个婴幼儿期,感知系统仍然是他们认知世界的主要途径。在幼儿的认知世界里,思维受到直观感受的影响,处于较低的水平,而感知觉作为他们认知的主要方式仍占据着主导地位。

## 二、发展的一般特点

0—3岁婴幼儿感知觉发展呈现了从局部向整体、从笼统趋精确、从无意到有意的特点。

第一,从局部到整体。婴幼儿的最初感觉往往只偏重于事物性质的一个方面,比如,他们看到一个红色的物体,闻到一阵香味,但并不一定能判断出香味是这个红色的物体发出的,更不能判断这个物体到底是什么。随着月龄的增长,婴幼儿的感觉逐渐整合起来,能从整体上来感知事物的性质。

第二,从笼统的、未分化的感觉向精细的方向发展。在感觉机能尚未成熟、经验优先的前提下,0—3岁婴幼儿的感觉是笼统、未分化的。随着月龄的增长,他们的感觉机能越来越精细,从只能看到近处的人或事物到能看远处的;从分不清颜色到能准确地说出颜色的名字。

第三,从无意性向有意性发展。新生儿的感觉是受环境刺激而引起的,周围有什么样的刺激,新生儿就会有相应的反应,他们的反应是被动的,不是他们主动选择的结果,但是,随着月龄的增长,婴幼儿的主动性会越来越多,他们对世界的认识,激发了他们对这个世界的兴趣,他们会选择自己喜欢的事物去感受。

## 第二节 发展轨迹

0—3岁婴幼儿心理发展的感知觉可分为感觉和知觉两大类,其中感觉又分为视觉、听觉、味觉、嗅觉以及触觉、痛觉等;从知觉通道分,可分为视知觉、听知觉、触知觉、嗅知觉、味知觉,从知觉对象看,主要是空间知觉。

### 一、感觉发展

感觉是对客观事物个别特性的反映。为便于论述,本文将0—3岁婴幼儿的感觉发展分为视、听觉和味、嗅觉以及触、痛觉三大类来分别进行阐述。

#### (一) 视、听觉发展

视觉指由光刺激眼睛引起的感觉,包括对外界物体的明暗与否、形状、运动与否及颜色的辨别。视觉由光刺激引起视网膜兴奋,经视神经传导至大脑的视区而产生。听觉指听觉器官在声波的作用下产生的对声音特性的感觉。视、听觉是个体最重要的感知觉之一,个体对外部环境的大多数感知信息都由视、听觉提供。下面将分别对0—3岁婴幼儿视觉和听觉发展进行介绍。

1. 视觉发展

0—3岁婴幼儿视觉的发展主要表现在视觉集中及视敏度两个维度。视觉集中指个体通过两眼肌肉的协调,能够把视线集中在适当的位置观察物体。视敏度指眼睛精确地辨别细小物体或远距离物体的能力,医学上称视力。在此将分月龄对0—3岁婴幼儿的视觉集中及视敏度的视觉发展条分缕析。

(1) 0—1个月新生儿具有初步的视觉集中

刚出生的婴儿在各种感觉能力发展中,视觉的发展水平最低。在出生的最初两周内,他们的双眼协调能力较弱,将两眼视线集中在同一个物体上对他们来说很难,但是这项能力发展很快,从第三周开始就逐渐趋于稳定了,婴儿两只眼睛能够同时注视同一物体。

(2) 2—3个月婴儿视力只有正常成年人视力的十分之一

婴儿在0—3个月的时候,视敏度(即视力)只有正常成年人视力的十分之一,所以他们看物体的清晰度很低,即使较近的物体在他们眼里也很模糊,遥远的物体更是这样。

(3) 4—6个月婴儿视觉集中时间逐渐延长、视敏度逐步提高

4—6个月的婴儿已能较准确地定位物体。视觉集中能力较前一阶段成熟而稳定,主要表现在视觉集中的时间逐渐延长并可以追视,即当物体移动时,视线可以追随物体一起移动。

与此同时,视敏度发展也比较快速。6个月左右的婴儿视敏度大致是成人1/5了。[①] 5—6个月的婴儿已能注视天上的飞鸟、飞机这些远距离的客体。[②]

(4) 7—9个月婴儿视觉集中基本已经稳定

7—9个月婴儿视觉集中基本已经稳定并达到成熟的水平,能够清晰地看到3—3.5米内的物体和各种活动。有时由于视觉集中能力的提高,7个月的婴儿甚至会目不转睛地盯着物体表面上的碎屑或其他细微的东西看,而且这种做法会持续几周。

如图2-1所示,7个月的婴儿正在注视着手上捏的碎屑,表明此时他们的视觉集中已经发育得比较完善了。

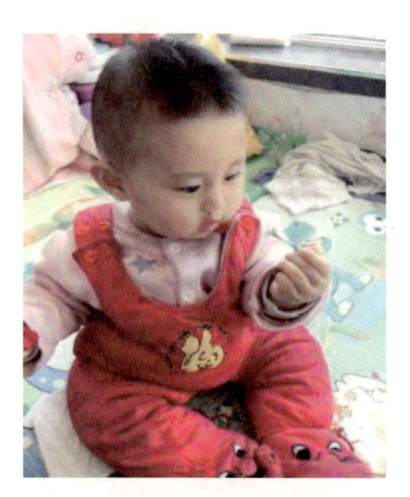

图2-1 7个月的婴儿已会注视手上捏的碎屑[③]

(5) 10—12个月婴儿看得更细、更远

10—12个月婴儿不仅能看清较远的物体,而且开始对物体的细节表现出兴趣。例如,如果成人拿一个铃铛在宝宝面前摇晃,他可能会拿起铃铛边看边摆弄,用手摸摸铃铛,看看铃铛的花纹。

(6) 13—18个月幼儿已能凝视

13—18个月幼儿的视力平均为0.2,基本能看清近距离事物的细节。因为视觉调节功能基本完善,凝视已成了这个阶段幼儿最喜欢做的事,他们会花掉醒着的17%左右的时间来凝视物体、人和动态变化的事情。

(7) 19—24个月幼儿视敏度接近成人水平

19—24个月幼儿的视敏度已接近成人水平(成人水平即我们常说的1.0),能够注意到体积较小的物体,并且扫视和追视的能力也达到较高水平,他们已开始喜欢看复杂图案,注意图案细节。

19—24个月的幼儿可以注意到如图2-2所示的细节:桌子上摆的机器人、旁边的小汽车、大球旁边的小足球等。他们注意到这些体积较小的物品,表明他们能注意到图案细节。

---

[①] 张家琼.学前儿童心理发展概论[M].重庆:西南师范大学出版社,2018:96.
[②] 王振宇.学前儿童心理学[M].北京:中央广播电视大学出版社,2007:41.
[③] 图2-1,图2-3至图2-7,图2-10均由刘炜彤提供.

图 2-2　图案的细节①

### 2. 听觉发展

听觉发展主要表现在听觉偏好方面。下面也将根据月龄对 0—3 岁婴幼儿听觉发展进行介绍。

(1) 0—1 个月新生儿喜欢听较高分贝的声音②

新生儿刚出生就有听觉，在出生的头几个小时里，他们的听力能够达到成人在感冒时的水平(成人感冒时听力会下降)。较弱的声音对新生儿来说并不敏感，他们只对较强的声音有所反应，例如，新生儿对摇铃的声音更为敏感，而对翻书时发出的响声则不敏感。

(2) 4—6 个月婴儿对较细微的声音开始敏感

4—6 个月婴儿开始对成人的小声说话、小猫发出的"喵喵"以及风吹动树枝发出沙沙的细微声音开始敏感起来，有时会转过头去听。

(3) 7—9 个月婴儿开始具有音频差异感受力

研究发现，低频声音对 8 个月婴儿具有安抚作用，由此表明他们初步具有对音频差异的感受能力。研究还发现，7—9 个月婴儿能听到日常生活中的低频声音，拍手、风吹动树叶的婆娑声、父亲磁性的声音等低频声音会让婴儿更安心。

(4) 25—30 个月幼儿能够辨别乐音

25—30 个月幼儿可以在只听到鼓声而看不到鼓的情况下，准确地找出藏在 5 米外桌子下面的鼓。随着听觉能力的提升，他们能够辨别乐音，这为幼儿听觉和语言相结合奠定了

---

① 图片由张嘉楠提供。
② 出生三天内的婴儿，对声音的感知几乎是没有的，所以 60 分贝以上的声音在宝宝的意识中也只有一点点，等到出生一周之后，对声音的感知就会越来越强，大概可以听四十到六十分贝的声音。满月之后，对声音的感知会更强烈一些，可以听清楚三十到四十分贝的声音。三个月时，婴儿可以听到二十五到三十分贝的声音，这个时候的听力已经相当不错了。——编者注

基础。

### (二) 味、嗅觉发展

在此将分别对 0—1 个月、2—3 个月、4—6 个月、7—12 个月婴儿在味、嗅觉的发展进行介绍。因为 13—16 个月幼儿嗅觉和成人期的嗅觉几乎没有差别，在此不再赘述。

#### 1. 0—1 个月新生儿味觉上偏甜、嗅觉上偏香

味觉是新生儿出生时最发达的感觉，从出生起新生儿就有味觉偏好。由于母亲的乳汁是甜味的，因此 0—1 个月新生儿偏好甜味。

新生儿还能辨别不同气味，并且表现出明显的喜恶，比如，让他们闻香蕉或巧克力的气味，他们会露出满意、舒坦的表情，而让他们闻臭味，他们会将头转向另一个方向。

#### 2. 2—3 个月婴儿能辨别不同味道和母亲体味

2—3 个月婴儿已能辨别不同的味道，味觉上和新生儿期一样偏好甜食，当分别给他们喂白开水、盐水和糖水时，婴儿的反应差距明显，他们会很轻松地喝糖水，对白开水没有兴趣，拒绝喝盐水。此外，他们嗅觉发展良好，与新生儿期只有 2/3 的人能判断母亲体味不同的是，2—3 个婴儿已全部能够判断母亲身上的体味。

#### 3. 4—6 个月婴儿开始接受咸味食物、嗅觉更敏感

4 个月的婴儿开始喜欢咸味的食物，这为婴儿接受带有咸味的辅食做好准备。在 5 个月时，一部分婴儿开始长出乳牙的门牙，牙齿的出现可以让他们接触到其他不同味道的食物。

#### 4. 7—12 个月婴儿拒绝不喜欢食物

这个月龄段的婴儿开始显示出对味道的偏好，如果是自己不喜欢的东西，他们会通过一些行为表现出来，比如，婴儿会通过紧闭双唇来表示不喜欢某一特定的食物，图 2-3 就是婴儿对不喜欢的食物紧闭双唇的情景。

同时，这个月龄段的婴儿喜欢吃水果泥、蔬菜泥和去皮的软水果块等。牙的出现助长了婴儿对咬的兴趣，也为他们食用半固体食物做好了准备。

图 2-3 对不喜欢的食物紧闭双唇的婴儿

### (三) 触、痛觉发展

因为 0—3 岁婴幼儿的触觉发展并不以月龄为单位而精细区分，在此只能分别对 0—12 个月以及 13—18 个月幼儿触、痛觉发展进行大致介绍。如前述原因，18 个月以后的幼儿触、痛觉的发展已与成人无太大差别，不再赘述。

### 1. 0—12个月婴儿大都表现为触觉反射,痛觉敏感

足月产的新生儿在出生时具有的无条件反射(如抓握反射、巴宾斯基反射)大都基于他们的触觉。婴儿对疼痛刺激非常敏感,比如,当被尖锐的东西或大人的指甲划到后,他们会发出剧烈的哭声。

到4—6个月后,婴幼儿触觉发展更加敏锐,除了一些敏感部位,如脚丫、腋下等部位,婴儿的其他身体部位也越来越有感受力[①]。

到了7—12个月,婴儿开始更积极地触觉探索,他们会主动探索不同物体的质地,不断重复抚摸物体的表面,比如,不停地玩弄布片,捏软软的球体,等等。

### 2. 13—18个月幼儿能通过触觉感知物体特征、进行触觉识别

13—18个月幼儿的触觉发展有了进一步的提升,开始用自己的手或脚来感知物体的外部特征。他们喜欢用手或脚对多种材质进行感知,比如,通过玩水、玩沙去感知物体的光滑、软硬、粗糙等属性。

图2-4 在嬉水和光着脚丫行走的18个月幼儿

如图2-4所示,18个月左右的幼儿喜欢玩水,尤其喜欢在洗澡的时候玩耍;喜欢光着脚丫在地面上游走。

与此同时,他们的触觉辨识能力快速发展。开始学步后,13—18个月幼儿开始将触摸印象和视觉影像配对,形成形状知觉。

综上所述,0—3岁婴幼儿在视、听觉及味、嗅觉和触、痛觉的发展具有发展迅速、由窄到宽、从模糊到清晰的特点。

首先是发展迅速。

---

① 张家琼.学前儿童心理发展概论[M].重庆:西南师范大学出版社,2018:100.

月龄越小,其发展的速度越快。在视觉发展方面,新生儿由于视神经尚未成熟,视力只有成人的1/10。但是,随着视觉集中能力的提升和视敏度的发展,婴儿到了6个月以后就能较持久地注视物体,在一岁左右就能辨识细微。

在听觉发展过程中,新生儿的听力较弱,对较低的声音不敏感,但到了2—3个月,婴儿听到声音时就会表现出"倾听"样子;3—4个月时会转头寻找声源;8—9个月能识别成人的声音并能对不同的声音作出不同的反应。

其次是由窄到宽。

0—3岁婴幼儿感觉发展呈由窄到宽的发展趋势。比如,在触觉探索方面,婴儿对物体的探索最初是通过口腔活动进行的;到3个月以后,婴幼儿开始用手进行探索,他们在摆弄各种物体的过程中,逐渐感知了物体的粗糙、光滑、硬软、弹性等属性。从口腔到手,婴幼儿的探索范围越来越大,对物体属性的探索越来越深入。

第三是从模糊到清晰。

在感觉机能尚未成熟情况下,0—1岁婴儿的感觉是笼统、未分化的。随着月龄的增长,他们的感觉机能越来越精细和精准。比如,新生儿的视觉系统还没有完全发育和成熟,他们虽然能看到东西,但是所看到的东西比较模糊。他们的两眼活动还不协调,遇到光线时,眼睛就会眯成一条缝或完全闭合;到了2个月时,婴儿能将视线首先集中在运动或鲜明发亮的物体上,还能随光亮的刺激物移动;4个月时,其注视时间和距离不断延长,视觉集中也逐渐由被动转变为主动;6个月时,婴儿能够注视距离较远的物体,此时他们对周围环境的观察更具主动性;6个月至1岁左右,婴儿的视敏度已基本上达到成人的水平,视觉更为清晰。

## 二、知觉发展

知觉是客观事物直接作用于人的感觉器官,人脑对客观事物整体的反映。根据知觉过程中起主导作用的感觉器官,可以将知觉分为视知觉、听知觉、触知觉、嗅知觉、味知觉等。

### (一)视—听知觉发展

因为0—3岁婴幼儿的视、听知觉在其知觉发展中最为重要,因此重点介绍他们对色彩和听觉偏好的两种知觉发展。

1. 色彩知觉发展

0—3岁婴幼儿的视知觉发展主要集中在图案知觉、色彩知觉等几个方面。由于0—1个月婴儿视知觉还没有发展,因此本节将直接从2个月婴儿视知觉的发展开始介绍。

(1) 2—3个月婴儿能初步区分出彩色和非彩色

虽然这个月龄段婴儿的颜色视觉水平较低,但已能初步区分出彩色和非彩色,比如,婴儿可以区分红色和灰色,该月龄段的婴儿会偏好颜色鲜亮的东西。

如图2-5所示,他们对于鲜亮的物品注意持续时间会更长。

(2) 4—6个月婴儿可以识别红、蓝等基本颜色

4—5个月的婴儿的颜色视觉基本接近成人水平,可以识别红、蓝等基本颜色,但是对同一色系颜色的细微差异尚不能区分,比如,他们难以区分粉红色和玫红色、浅黄色和深黄色等。

(3) 7—12个月婴儿可以辨色和补形

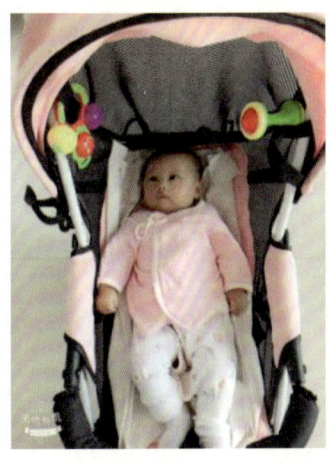

图2-5 偏好颜色鲜亮的物体

7—9个月的婴儿已能辨认相近的颜色,10—12个月婴儿可以通过更多的稳定性线索来辨别物体,也可以通过残缺的图形识别全图。他们通过物体颜色等识别物体,比如,通过勺子的颜色来比对形状。

(4) 13—18个月幼儿对红、黄、蓝认知更明确

15个月左右的幼儿开始对红色、黄色以及蓝色有了更为明确的认知,可以从多种颜色中辨认出红色,并且可以指认蓝色和黄色等颜色,但是还不能对紫色、橙色等混合色以及粉红、大红、深红等色度不同的颜色进行辨别。

(5) 19—24个月幼儿可以说出颜色

24个月左右的幼儿从对颜色的精确分辨到开始说出颜色的名称。他们能指认颜色并说出一些颜色的名称,红、黄、蓝是这个月龄段的幼儿普遍认识较多的三种颜色。

(6) 25—36个月幼儿可以识别并说出更多颜色的名字

25—30个月龄段的幼儿可以识别并说出如绿色、黑色、白色等颜色的名称。31—36个月幼儿开始能识别更多的颜色,开始说出灰色、棕色等名称,还可以认识过渡色,如深绿、浅绿等。但对于大多数的混合色,如紫色和橙色等,却不善于区别。

2. 定位、辨声知觉

听知觉的发展主要表现在听觉定位、区分语言和非语言方面。本文将按月龄分别对0—3岁婴幼儿听知觉发展进行介绍。

(1) 0—1个月新生儿已偏好言语之声

出生后12个小时的新生儿,就对人的声音表现出更多偏好,他们对他人的嗓音较为敏感,尤其是女性的,对自己母亲的声音更敏感。

(2) 2—3个月婴儿听觉定位能力从高到低、偏好发声物体

听觉定位能力是对声音来源的空间知觉,指人听到声音时,能判断出声音的发生方向和

发生位置的能力,比如,声音来自左边还是右边。1—6个月龄的婴儿听觉定位能力呈现 U 形发展趋势,即先高后低再高。新生儿出生后 5 分钟就表现出听觉定位能力,但到了 2—3 个月时,这一能力却消失。

2—3 个月婴儿对发声的物体感兴趣,喜欢摇摇铃、拨浪鼓。如图 2-6 显示,婴儿左手拿着摇铃,右手拿着拨浪鼓,在听它们摇动后发出的声音,表明婴儿对发声物体感兴趣。

图 2-6　婴儿对发声物体感兴趣

(3) 4—9 个月婴儿听觉定位能力提升,偏好优美乐音

在 2—3 个月时消失的听觉定位能力到婴儿 4—5 个月时又再次出现。这是因为新生儿的听觉定位是一种皮层下的反射,而月龄稍大的婴儿的听觉定位是一种皮层事件。[①] 4 个月的婴儿即使在黑暗中也能准确地朝向发声的物体,6 个月婴儿会转头寻找声源。与此同时,他们对愉快的优美音乐较为敏感,听到优美的音乐时会出现不断重复的身体运动,比如,摇晃胳膊,以表达其愉悦之情。6 个月时,他们能略微辨别出音乐中音高、音色和旋律,初步具备协调听觉与身体运动的能力。

(4) 10—12 个月婴儿能辨别微小的声强变化

由于听力的不断完善,所以 10—12 个月婴儿能感受到音乐节奏的细微变化,关注音乐的时间也不断延长。如果放一段音乐给他听,可以看出他较长时间在注意聆听。

(5) 13—18 个月幼儿可以通过声音寻找声源、对音乐有了更强的感受力

13—15 个月的幼儿可以听声音辨别事物的方向,能通过声音寻找声源。例如,当成人躲在门后发出声音时,幼儿会跟着声音去寻找成人躲藏的位置。

如图 2-7 所示,成人在门的里面喊幼儿的名字,门外的幼儿拉开门,找到了里面的成人。幼儿会要求重复这样的游戏,并对这个游戏乐此不疲。

此外,他们还会伴随音乐节拍进行"舞蹈"。

如图 2-8 所示,13—18 个月的幼儿对音乐有了更强的感受力,当听到音乐后,他们会伴随音乐节拍

图 2-7　循声找人的 18 个月幼儿

---

① 王振宇. 学前儿童发展心理学[M]. 北京:人民教育出版社,2004:45.

而运用身体来做类似"舞蹈"的动作。

(6) 19—24个月幼儿尝试制造声音

这个月龄段的幼儿不仅喜欢听有意义的语言,运用动作跟随音乐节拍进行更多样的身体运动,而且喜欢尝试制造声音。

如图2-9所示,幼儿通过把象棋拿起来,扔下去,再拿起来,再扔下去,还会拿一个象棋敲打另一个象棋来制造声音,一直不停地重复进行这个活动。

与此同时,19—24个月的幼儿能跟随更为复杂的音乐节拍来"跳舞"。

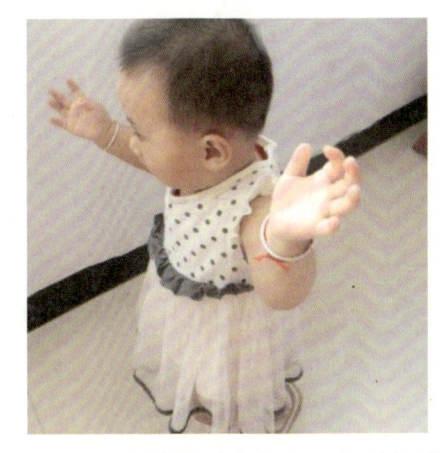

图2-8 随节拍舞动身体的18个月幼儿①

图2-9 尝试制造声音的幼儿

图2-10 随音乐跳舞的幼儿

图2-10展示了小男孩随音乐跳舞的场景,听到音乐后,他会根据音乐的节拍立即扭动胳膊和腿,好像在"舞蹈"。

(7) 25—36个月幼儿能更精确辨别声强、精准定位

"听觉阈限"指使人能够产生听觉感受的最小的声音刺激量。0—3岁婴幼儿随着月龄增长,听觉阈限逐渐降低,也就是说0—1岁阶段婴儿只能听见很大声音,到了1岁,特别是2岁以后非常轻微的声音能听见了。由于听觉阈限的降低,25—36个月龄的幼儿能够更精确地辨别出声强的微小变化,对低声的感受力不断增强,对微弱的声音越来越敏感。当播放两种仅有微小差异的旋律时,幼儿也能辨别出它们是不相同的。

---

① 图2-8和2-9由张盛阳提供。

与此同时,幼儿听觉定位更精准。他们已经可以直接定位自己两侧及下面的声源,比如,幼儿如果穿着走路会发声的鞋子,他会低头看,去寻找发声源;如果在手腕上戴上小铃铛,他也会去摸,去摆动手臂,寻找声源。

### (二)空间—图案知觉发展

空间知觉是反映物体的形状、大小、深度、方位等空间特征的知觉,而视知觉也会涉及对颜色、形状、图案的感知,两部分内容似乎有交叉和重叠,但前者侧重于知觉对象,后者侧重于知觉通道。下面将对各月龄段婴幼儿的空间知觉发展特征分别进行介绍。

#### 1. 0—3个月婴儿图像知觉朦胧产生

形状知觉和大小知觉指对事物形状和大小的感知,0—3个月婴儿由于视觉水平较低,他们对图案的知觉受到限制。婴儿主要偏爱看大而醒目的图案以及简化的人脸状图画,比如,他们对类似头部轮廓的椭圆形更感兴趣。

#### 2. 4—6个月婴儿萌发初步的深度知觉

当物品摆在眼前时,4—6个月婴儿能够知觉其存在。他们通过物体的空间排列和运动线索来判断物品,而并非通过物品的质地、形状进行判断。例如,当两个摆放在一起的物体同时朝同一个方向移动时,他们只会将其认为这是一个物体。

心理学家吉布森和沃克(1961年)制作了平坦的棋盘式的图案(见图2-11)。用不同的图案构造形成"视觉悬崖"的错觉,并在图案的上方覆盖玻璃板。这样,眼睛看上去像悬崖一样。实验的主旨是考察婴儿是否敢爬向具有悬崖特点的一侧。

"视觉悬崖"的实验证明,6个月婴儿开始有了深度知觉。他们在接近深度一侧时,心率加快,表现出恐惧,因为经验已使他们产生了害怕的情绪。婴儿的深度知觉的发展与他们的运动经验有关,那些有丰富运动经验的婴儿深度知觉发育得更快更好。[2]

图2-11 视觉悬崖实验[1]

#### 3. 7—9个月婴儿开始利用方位、形状和颜色来区分同类物体

随着对物体的认识能力提高,7—9个月的婴儿开始利用方位、形状和颜色来区分同一类物体,比如对上下前后左右等方位的判断;对三角形、圆形、正方形等形状的判断。

---

[1] 图片来自百度百科 baike.baidu.com/item/视觉悬崖%28Visualcliff%29/7082721?ft=aladdin.htm.。
[2] 张家琼.学前儿童心理发展概论[M].重庆:西南师范大学出版社,2018:102.

7个月左右的婴儿还表现出对高度的恐惧,对有高度差的地方,出现了一些防御的动作。

### 4. 13—18个月幼儿进入立体空间感的黄金期

从1岁开始,幼儿开始对左右、前后和远近等立体空间有了初步的认识,与此同时,他们还可以感知到物体的距离和大小。这个月龄段的幼儿开始进行大小分类游戏。

### 5. 19—24个月幼儿开始对一些基本形状有了认识

这个月龄段的幼儿,能初步识别三角形、正方形等基本形状,虽然还不能说出不同形状的名称,但是大多数幼儿能进行运用图2-12呈现的材料来进行形状匹配的游戏。

图2-12 形状匹配游戏材料①

图2-12所呈现的是让19—24个月幼儿进行形状匹配的材料。盘有里外两圈,外圈是提示,内圈是幼儿的操作区,幼儿根据外圈的提示选择相应的图形,并把这个图形放到内圈对应的格子内。比如,外圈是圆形,幼儿就从外面的一堆图形里找一个圆形,并把这个圆形放到内圈的格子内。

### 6. 25—36个月幼儿可以认知和区别较复杂的物体形状

这个月龄段的幼儿,对复杂的物体形状也可以有较准确的识别,如长方形、椭圆形。由于图案知觉基本发展成熟,他们可以容易地识别出图案信息,能感知两个相似图案中的细微差别,比如,区别图案里的不同颜色和不同形状。

---

① 图片由石芳婷提供。

> 本章小结

### 一、核心概念

1. 感觉指单一的内外刺激作用在人的感觉器官上而引起的心理反映。
2. 知觉指人对作用在感觉器官上的内外刺激的整体反映。

知觉以感觉为基础,但不是感觉的简单相加,而是对大量感觉信息进行综合加工后形成的有机整体。

### 二、相关经典理论

1. 皮亚杰的"丰富化理论"

当婴幼儿在感知某一事物时,每一次感觉都增加了对该事物的认识,并把获得的新感觉与之前的感觉相整合,使之前的感觉更加完整和丰富,并且在不断的感知中得到完善,形成一个完整的概念。

2. 吉布森(Gibson)的知觉生态理论,也称直接知觉论(direct perception theory)

知觉是人与外界接触的直接产物,它是外界物理能量变化的直接反映,是不需要思维的中介过程。

### 三、感知觉的发展价值

感知觉是其他心理现象产生的基础,感知觉是婴幼儿认知世界的基本手段并在幼儿认知活动中占主导地位。

### 四、0—3 岁婴幼儿感知觉的发展主要轨迹

第一,从部分到整体;第二,从笼统的、未分化的感觉向精细的方向发展;第三,从无意性向有意性发展。

> 巩固与练习

1. 简述 0—3 岁婴幼儿感觉发展的轨迹。
2. 简述 0—3 岁婴幼儿知觉发展的特点。
3. 简析感知觉在 0—3 岁婴幼儿发展中的价值。

# 第三章

# 0—3岁婴幼儿动作发展的基础知识

## 学习目标

- 知晓 0—3 岁婴幼儿动作发展的意义和特点。
- 掌握 0—3 岁婴幼儿动作相关理论的含义。
- 了解 0—3 岁婴幼儿动作发展的基本轨迹。

## 本章重点

- 0—3 岁婴幼儿动作发展的意义和特点。
- 0—3 岁婴幼儿动作发展相关理论。
- 0—3 岁婴幼儿动作发展的轨迹。

## 学习内容

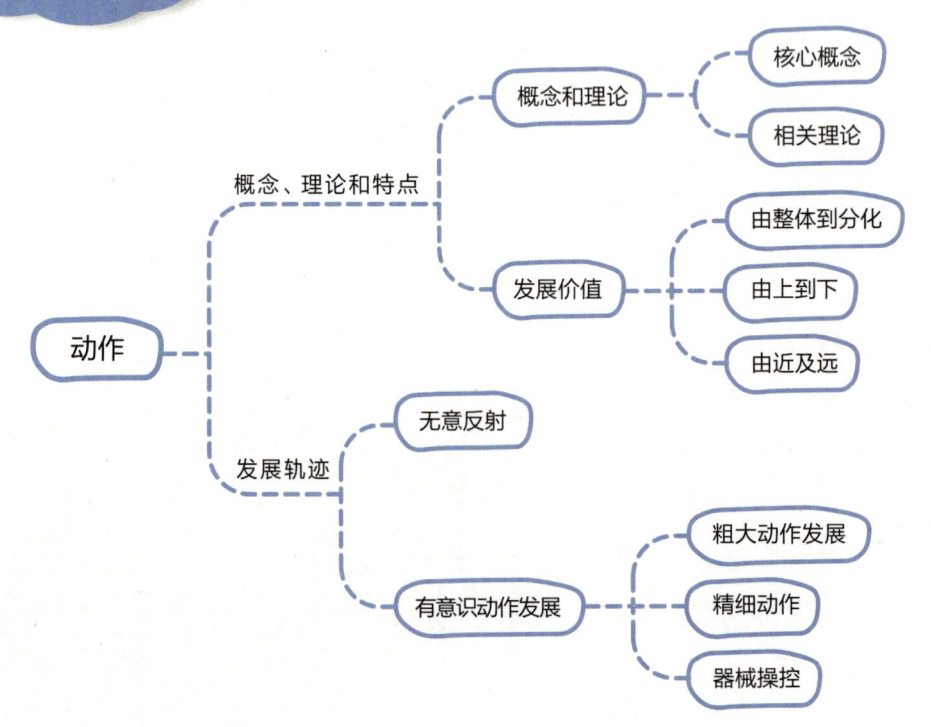

```
                                            ┌─ 核心概念
                            ┌─ 概念和理论 ─┤
                            │              └─ 相关理论
            ┌─ 概念、理论和特点 ─┤
            │               │              ┌─ 由整体到分化
            │               └─ 发展价值 ───┼─ 由上到下
   动作 ────┤                              └─ 由近及远
            │
            │               ┌─ 无意反射
            └─ 发展轨迹 ───┤
                            │                    ┌─ 粗大动作发展
                            └─ 有意识动作发展 ──┼─ 精细动作
                                                 └─ 器械操控
```

> **小·案例**
>
> 1个月的丁丁，偶尔会拿着小物品握一会儿，有时候还会看看手里拿的是什么。妈妈说丁丁出生时，还会将手里的物体环扣起来，但是一个月后却不会出现这种动作了。
>
> ☞ **聚焦思考**
>
> A：丁丁为什么会握着小物品呢？
>
> B：丁丁出生时为什么会将手里的物体环扣起来呢？
>
> ☞ **小小分析**
>
> A：丁丁为什么会握着小物品呢？
>
> 0—3个月婴儿以抓握动作为主。抓握动作是个体最初和最基本的手部动作，是婴儿掌握更复杂动作的基础。1个月左右，婴儿会松开手指做一些抓东西的简单动作，例如，抓住汤匙和小摇铃片刻。随着月龄的增长，他抓握物品的时间也会更长，有时还会看看手中抓握的东西是什么。
>
> B：丁丁出生时为什么会将手里的物体环扣起来呢？
>
> 用手指将手中的物体环扣起来就是抓握的表现。抓握反射在新生儿时最常见，而后随着有意识动作的出现而减弱。

动作是全身或身体的一部分活动，是人类赖以生存和生活的基本能力，也是婴幼儿早期与外界环境相互作用的主要手段之一。本章将聚焦0—3岁婴幼儿动作的概念、相关理论以及动作的发展轨迹进行介绍。

# 第一节　概念、理论和特点

动作贯穿人的发展之始终。动作发展是人能动地适应环境和社会并与之相互作用的结果，与人的身体、智力、行为和健康发展的关系十分密切。[①] 0—3岁婴幼儿动作的发展会影响到他们的身心健康、人格发展、智力发展和社会化发展。

---

① 格雷格·佩恩,耿培新,梁国离. 人类动作发展概论[M]. 北京：人民教育出版社,2008.

## 一、概念和理论

动作发展指各种基本动作有规律地产生和不断发展变化的过程,0—3岁婴幼儿的动作发展包括身体协调和手眼动作协调两个方面。

### (一) 核心概念

动作的核心概念有不少,下面根据不同的分类来分别解释这些核心概念。

#### 1. 根据遗传分类

动作的类型按照是否来自先天遗传可将动作分为无条件反射动作和条件反射动作。

无条件反射动作是与生俱来的应付外界刺激所产生的行为,条件反射动作是婴幼儿后天习得的行为。比如,妈妈每次喂奶前,如果先拿出奶瓶在婴幼儿的面前轻轻摇晃,那么以后只要妈妈拿出奶瓶在婴幼儿面前摇晃,婴幼儿就会做出吸吮的动作,这种反应属于条件反射。

#### 2. 根据意识分类

按照意识主动控制的程度可将动作分为无意识动作和有意识动作。

无意识动作指不受意识主动控制的动作,有意识动作是指受意识主动控制的动作。

#### 3. 根据肌肉分类

按照牵引动作的肌肉类型可将动作分为粗大动作和精细动作。

粗大动作指躯干和四肢的动作,包括抬头、翻身、坐、爬、站、走、蹲、跑、跳等,精细动作包括抓握、对捏、握笔、翻书、穿扣、折纸、搭积木、绘画、手眼协调配合等。

#### 4. 根据部位分类

按照动作产生的部位可将动作分为头颈部动作、躯干动作、上肢动作、下肢动作、手部动作、足部动作等。

本节将根据"意识"和"肌肉"分类,对较能凸显0—3岁婴幼儿的动作发展特征的"无意反射"和"有意识动作"进行分析阐述,其中有意识动作主要包括粗大动作、精细动作和器械操控动作。

### (二) 相关理论

关于婴幼儿动作发展的研究,最早可以追溯到十九世纪达尔文针对自己孩子写的日记和德国生理学家普莱尔的开创性工作,动作发展描述研究的全面繁荣以格塞尔和麦克格雷的开拓性研究为标志。

#### 1. 格塞尔(Gesell)自然成熟理论

在此将概述格赛尔的"自然成熟理论"及其给我们的启发。

(1) 理论概述

格塞尔认为,儿童心理的发展过程是有规律,有顺序的一种发展模式。这种模式是由物种和生物进化顺序决定的,是由生物体遗传的基本单位——基因决定的。所谓"成熟"就是"给予通过基因来指导发展过程的机制一个真正的名字"。在格塞尔看来,所有儿童都毫无例外地按照成熟所规定的顺序或模式发展,只是发展速度可在一定程度上受到每个儿童自己的遗传类型或其他因素所制约。

格塞尔认为成熟是一个由内部因素控制的过程,环境因素对儿童的发展只能起到支持、特定的作用,但并不能影响其基本的发展形式和个体发展的顺序。他以其著名的"双生子练习爬梯"实验证明了自己理论。

格塞尔选择了一对同卵双生子 A 和 B,A 从出生后第 48 周起接受爬梯及肌肉协调训练,每日练习 10 分钟,连续 6 周;B 则从出生后第 53 周开始,仅训练了 2 周,就赶上了 A 的水平。格塞尔得出结论:在儿童的生理成熟之前的早期训练对于最终的结果没有多大的作用,而一旦在生理上有了完成这种动作的准备,训练就能起到事半功倍的效果。

(2) 理论启发

格塞尔的研究给我们最大的启发就是必须根据 0—3 岁婴幼儿心理发展的内在节律,适时、适当地给予支持,既不拔苗助长,例如,不切实际地要让 1 岁的宝宝学会奔跑,也不能过度降低对 0—3 岁婴幼儿的发展期待,例如,2 岁幼儿精细动作和手眼协调发展到已经可以自己吃饭,但照护者还要喂饭。每一个 0—3 岁婴幼儿的生长并不靠壁上挂钟,而是靠他内在的生物规律。

### 2. 泰伦(E. Thelen)的动力系统理论

在此也将概述泰伦的"动力系统理论"及其给我们的启发。

(1) 理论概述

动力系统理论的核心指出 0—3 岁婴幼儿的动作发展是协调整合的结果。所谓"整合"就是各种技能的协调,每一种新技能的发展都是个体中枢神经系统的发展、婴儿的运动能力、婴儿头脑中的目标及环境对该技能的支持这四方面因素联合形成的结果。根据动力系统理论,我们可以认为婴儿爬行并不仅仅是有赖于大脑启动使得肌肉向前推动婴儿的"爬行程序",而且需要协调肌肉、知觉、认知和动机等。在学习走路时,婴幼儿经过大量练习,他们碎而不稳的步子会变成迈大步,他们的脚会靠得更近,脚趾向前,双腿变得对称协调。在重复千百次以后,婴儿就能够在脑中形成新的联系,以控制运动的方式。该理论强调的是儿童的探索行为如何使他们的运动技能得以提高,这种探索行为在他们与周围的环境互动时产生了新的挑战。

(2) 理论启发

动力系统理论给我们有两大启发。首先不能孤立地看待 0—3 岁婴幼儿的动作发展。

要促进他们的发展,必须提供一个基于神经科学、提升婴幼儿的认知和动作能力发展的支持环境。二是关注0—3岁婴幼儿在动作发展的个体差异,因为不同的环境,不同的认知水平,都会引起0—3岁婴幼儿动作发展的差异,根据差异提供最佳支持至关重要。

## 二、一般特点

动作发展是一个复杂多变又有规律可循的动态发展系统,尽管存在明显的个体差异,但婴幼儿的身体动作发展仍有其可预测性,[1]总的来说,0—3岁婴幼儿动作发展呈现从整体到分化、由上到下、由近到远的发展特点。

### (一)由整体到分化

0—3岁婴幼儿最初的动作是全身性的、笼统的、散漫的,以后逐渐分化为局部、准确和专门化。这也体现了0—3岁婴幼儿动作由粗到细的发展特点。婴儿首先发展的是粗大动作,如全身、腿和手臂的大肌肉动作,然后发展的是手的精细动作,如用手捏东西、搭积木、使用剪刀等。

### (二)由上到下

0—3岁婴幼儿动作发展遵循从头到脚的顺序,这种发展趋势可称为"首尾规律"。比如,3个月的婴儿会趴着抬起头来,4个月的婴儿在抬起头的同时还能抬高胸部,5个月时可以用胳膊支撑翻身,6个月坐,8个月爬,10个月左右站,1岁左右走等一系列动作发育就是由头部逐渐发展到躯干再到上肢,又进一步发展到下肢的延伸过程。

### (三)由近到远

0—3岁婴幼儿动作生长发育的另一个特点是从身体的中心部位发展到四肢。婴儿最早发展的是身体中央部位(头和躯干)的动作,比如,新生儿听到声音会朝有光亮的方向转头;1—2个月婴幼儿看人或物时会扭动肩部和腰部来试图与人交流,这是颈背部肌肉在运动的结果;3—4个月婴幼儿用手臂去够喜欢的物品,说明他们掌握了双臂和腿部的动作;5—6个月婴幼儿会主动用手掌抓握东西,表明其腕部和手部动作已发展到一定水平;7—8个月婴幼儿能用大拇指和其他手指抓住小东西,则证明精细动作已发展到较高水平。这些都是婴幼儿从身体中心的大肌肉逐渐延伸到四肢末端小肌肉的过程表现,越接近躯干的部位,动作发展越早,反之较迟。

---

[1] 王争艳,武萌,赵婧.婴幼儿青少年心理学丛书婴儿心理学[M].杭州:浙江教育出版社.2015.

## 第二节  发展轨迹

0—3岁婴幼儿动作的发展主要包含无意反射和有意识动作两类,随着月龄增长,婴幼儿动作从无意反射逐渐走向有意识发展。

### 一、无意反射

无意反射指不受意识控制或决定的反射,婴儿出生时就具有一些暂时的原始神经反射行为,这是婴儿特有的本能,是机体是否正常的标志。由于婴儿的神经系统尚未成熟,掌管身体机能的中枢神经仍在发育,其身体功能及对外界刺激的反应主要依靠脑干及骨髓的反射动作,做这些无意反射动作时无需思考,会对刺激作出立即反应。有的反射动作是永久性的,有些反射动作在之后的几个月会消失。表3-1是婴儿常见的几种原始反射。

表3-1  婴儿期原始反射[1]

| 反射名称 | 刺激 | 反应 | 截止年龄 | 功能 |
| --- | --- | --- | --- | --- |
| 搜寻反射 | 抚摸嘴角边的面颊 | 头转向刺激源 | 3周 | 婴儿找到乳头 |
| 吮吸反射 | 将手指放入婴儿口中 | 婴儿有节奏地吮吸手指 | 永久性 | 有利于喂食 |
| 游泳反射 | 将婴儿脸放入水中 | 婴儿玩水踢水 | 4至6个月 | 如果落水有助于婴儿存活 |
| 眼睛闭合反射 | 用亮光照射婴儿眼睛或者其他的地方 | 婴儿很快闭上眼睛 | 永久性 | 在强刺激中保护婴儿 |
| 抽缩反射 | 用大头针刺单足 | 脚缩回,膝和臀部弯曲 | 10天后减弱 | 在不良触觉刺激下会得到保护 |
| 巴宾斯基反射 | 从脚趾抚摸到脚跟 | 随着脚弯曲,脚趾也舒张和弯曲 | 8至12个月 | 尚未知晓 |
| 摩洛反射 | 将婴儿躺卧着并将其头稍稍后仰或者支撑婴儿的平面制造响声 | 婴儿通过弓背、伸腿和伸手臂做一个"拥抱"动作,然后又恢复原状 | 6个月 | 在人类进化的过程中,这有助于婴儿抱住母亲 |

---

[1] Knobloch, Pasamanick. The Development of Infancy and Toddler [M]. Prechtl & Beintema, 1965.

续表

| 反射名称 | 刺激 | 反应 | 截止年龄 | 功能 |
|---|---|---|---|---|
| 抓握反射 | 将手指放到婴儿手中并按其手掌 | 在此同时抓住成人的手指 | 3至4个月 | 为婴儿能自主抓握做好准备 |
| 颈紧张 | 在婴儿背卧着时,将婴儿的头扭到一边 | 头侧向那一侧的手臂在眼前伸展开来,而另一只手臂弯曲着 | 4个月 | 可以为婴儿的够物做好准备 |
| 躯体同向反射 | 转向肩头或臂部 | 身体其它部位转向相同方向 | 12个月 | 支持体态控制 |
| 踏步反射 | 将婴儿夹在手臂下并且让他光脚去触碰平面或平地 | 婴儿两脚上下不停的蹬 | 2个月 | 为婴儿自己行走做好准备 |

## 二、有意识动作发展

有意识动作也称为随意运动、意志动作,是一种受意识调节的、具有一定方向性的动作。0—3岁婴幼儿的随意运动主要包括粗大动作、精细动作和器械操控动作。

### (一)粗大动作发展

粗大动作指由个体头部、躯干(胸部、腹部、背部)、手臂和腿完成的动作,在此主要围绕基本姿势和位移能力两个方面对0—3岁婴幼儿粗大动作的发展轨迹进行介绍。

#### 1. 基本姿势

0—3个月婴儿基本姿势的发展将从抬头、翻身、坐立、站立这几个方面进行介绍。在身体肌肉及神经系统发育的作用下,婴儿开始出现自主运动性动作,即自己控制下的运动。自主动作从头部开始。

(1)抬头

① 2—3个月婴儿开始出现头部的自主运动性动作

该月龄段婴儿在俯卧时可以左右转动头部,发育良好的3个月婴儿能在"坐"和"站"的状态下自主将头竖直。

图3-1显示,3个月的婴儿在直抱的姿势下,可以不靠

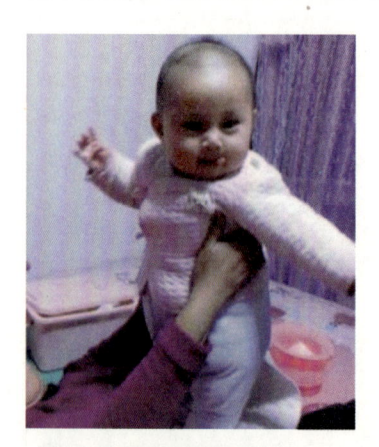

图3-1 直抱时能自主将头竖直的3个月婴儿①

---

① 图3-1至图3-13、图3-19至图3-26均由刘炜彤提供。

成人的帮助,自主将头竖直。

② 4—6个月婴儿身体倾斜时仍能保持头部平衡

他们不仅可以在身体倾斜时仍保持头部的平衡,而且能将手臂伸直在支撑面上,借助手臂的力量托起头和胸部。4个月末,婴儿能够将自己从地面上撑起来。6个月左右,婴儿能在仰卧位时把头抬离平面。

图3-2显示,5个月婴儿扶着墙面,自己从地上支撑起来时可以自主地昂起头来。

图3-2 自己从平面上支撑起来的5个月婴儿

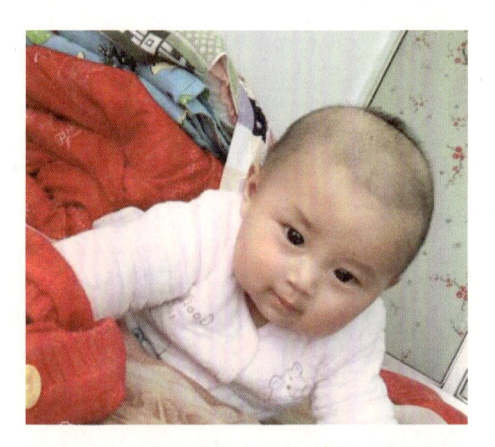

图3-3 3个月婴儿在手的支撑下俯卧翻身

(2) 翻身

3个月左右,大部分婴儿会出现翻身动作,这时候的翻身主要是仰卧翻身,到4—5个月时,他们逐渐学会俯卧翻身。

图3-3显示,婴儿俯卧在地上,双手立在地面,在手的支撑下能够俯卧翻身。

(3) 坐立

人类获得的第一个直立姿势就是坐立,坐立是婴儿许多动作的基础。

① 4—6个月婴儿借助手臂的力量坐

4个半月到5个月婴儿能依靠自身手臂力量独立地坐,6个月时婴儿能稳定地独立坐立,且坐的时间也更长。图3-4显示的是婴儿独立坐立的情景。

② 7—9个月婴儿能够从俯卧位转变到坐立位

该月龄段的婴儿已经能够进行姿势控制,将自己从俯卧位转变到坐立位。在坐位时能够灵活地移动自己的身体。

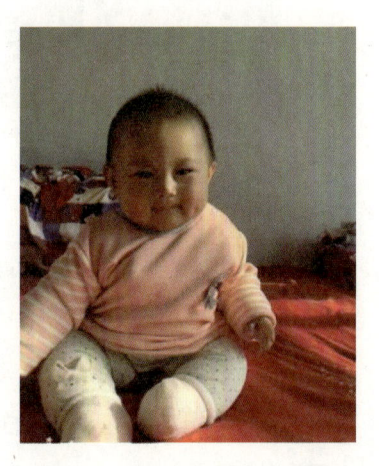

图3-4 独立坐立的6个月婴儿

图 3-5 显示，婴儿自己坐立时，可以灵活地移动自己的身体，四处张望。自主坐立能力的获得，帮助婴儿解放了双手，使得婴儿的手眼协调能力、双手协调自主控制动作得到进一步发展。

（4）站立

独立站立姿势的掌握是婴儿直立姿势获得的最重要标志。

① 7—9个月婴儿开始扶物站立

这个月龄段的婴儿还不能做到独立站立，8个月左右的婴儿大都能够扶物站立了，但他们的站立仍需要外界的支持；到9个月的时候，婴儿在成人的帮助下可以站立片刻。

图 3-6 显示 10 个月婴儿可以双手扶着床沿站立起来。

图 3-5 婴儿自主坐立

② 10—12个月已能练习蹲—站

当婴儿能同时使用手臂和大腿平衡身体的重量而向前移动时，表明他们在动作发展上取得进步，这种动作为更复杂的大肌肉运动奠定了基础。

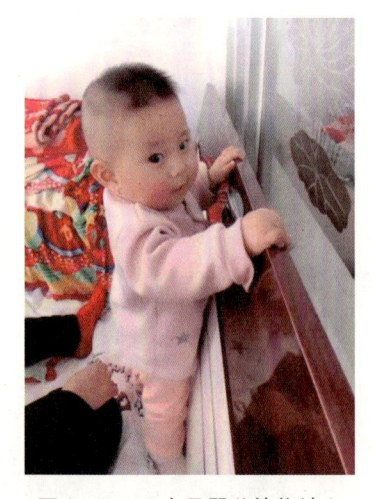

图 3-6 10 个月婴儿扶物站立 　　　　图 3-7 试图从坐位站起来的 11 个月婴儿

在 10—11 个月间，婴儿可以低下身体，由站变为坐且不跌倒，还会抓住成人的手来平衡自己，如图 3-7 所示。

③ 31—36个月幼儿站立动作的发展

31—36 个月幼儿可以独自单腿站立数秒。如果身体重心掌握得好，他们还可以稳稳地单腿站立。

### 2. 位移能力

0—3岁婴幼儿的位移能力将围绕爬、走、跑、跳四种基本动作进行介绍。

(1) 爬

爬行是在俯卧位时手臂和腿的交互动作,这种技能是随着婴儿翻身动作的逐渐熟练和手部、腿部力量的不断提高而发展起来的。从爬行时两侧的对称性来分,可分为侧爬行和同侧爬行。前者指婴儿爬行时,身体一侧的上肢与对侧的下肢同时运动;后者指婴儿在爬行时,身体同侧的肢体与同侧的肢体交替运动。爬行动作可分为腹地爬和手膝爬。

7—8个月的婴儿开始学习爬行,这时候他们的爬行主要是腹地爬(也叫匍匐爬),就是腹部与支撑面保持接触的爬行。

9个月左右的婴儿开始练习手膝爬,即腹部离开地面,靠手臂力量把自己支撑起来爬行。

如图3-8所示,9个月婴儿开始练习手膝爬。

(2) 走

行走不仅要保持身体直立,而且还需要将重心从一侧转移到另一侧,且保持一只或两只脚与地面接触。

① 10—12个月婴儿开始从"扶物行走"向独立行走转变

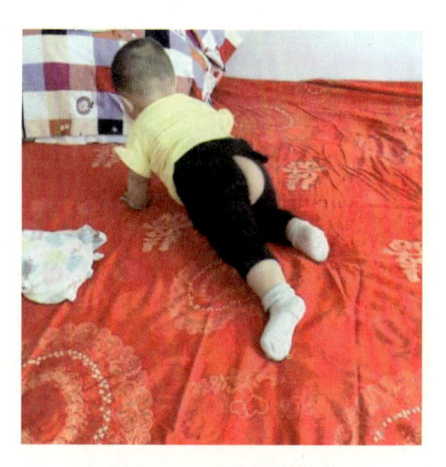

图3-8 手膝爬的婴儿

当婴儿用两只脚行走时,需要借助双手来扶着物体(如家具、墙等)行走,这种扶着物体行走的方式被称为"扶物行走",如图3-9所示。

"扶物行走"是婴儿将重心由一只脚移到另一只脚的练习机会。如果婴儿在直立状态下能够较好地控制身体,他就能够独立行走。

通常12个月左右时,婴儿可以不依靠成人、不扶物,自己独立行走,如图3-10所示。

如果婴儿能够独立地连续走3—5步,就表明婴儿能行走了。

② 13—18个月幼儿从蹒跚学步到稳定行走

刚开始学会走路的时候,幼儿为了保持身体平衡,有时会将小手高高举起,有时张开双臂,双腿分开,使得基底变大,如图3-11即为幼儿蹒跚学步的情景。

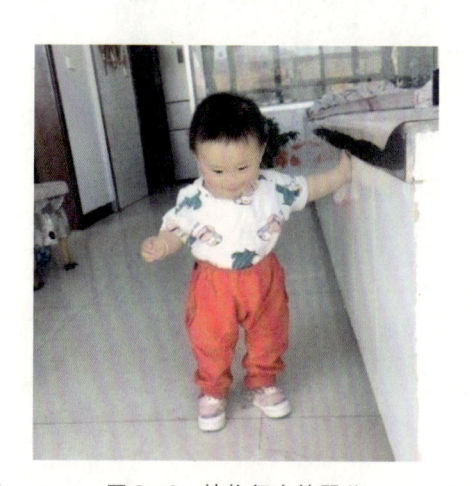

图3-9 扶物行走的婴儿

图 3-10 开始独立行走的 12 个月婴儿 　　　图 3-11 蹒跚学步的 13 个月幼儿

随着不断练习,幼儿能够独自走几步,到 15 个月时,基本上在平地上可以走得很好,有的幼儿甚至还喜欢爬上爬下;到 18 个月时,走路更稳,可停可走,可倒退走,可拿玩具走。

图 3-12 显示,幼儿可以手拿物品行走。当幼儿能够自如地行走时,标志着他已经成为了一个直立的人。

**喜欢上下楼梯**。幼儿逐渐走稳了以后,喜欢爬楼梯。他们可以手膝并用地爬上 1—2 个台阶。

图 3-12 手拿玩具走的 15 个月幼儿 　　　图 3-13 手膝并用爬台阶的 18 个月幼儿

如图 3-13 所示,18 个月幼儿可以手膝并用爬台阶了。

③ 19—24 个月幼儿站和走已基本稳当

由于幼儿四肢的协调和平衡能力的发展,该月龄段的幼儿站和走已经基本稳当。幼儿刚会走路时,经常用脚尖行走或是倒退行走,大多数时候走不稳会摔倒,这说明幼儿的平衡能力发育尚不健全。经过不断练习,19—24个月幼儿能够适应站和走这种运动形式,可以单脚站立几秒钟,并且还可以在成人的帮助下走平衡木和斜坡。

图3-14显示了24个月幼儿独立走斜坡的场景。

可以扶着扶手攀登。幼儿可以自己扶着扶手,以站立的姿势上下楼梯并且可以攀登有一定高度的攀登架。扶手上楼梯有一个循序渐进的过程,刚开始的时候,幼儿只能上1—2层,熟练之后可以多上几层。

虽然下楼梯比上楼梯更难,但图3-15呈现了24个月幼儿神定气闲扶着扶手下楼梯的情景。很多幼儿即使学会了上楼梯,但却不敢下楼梯。

图3-14 独立走斜坡的幼儿[①]

④ 25—30个月幼儿能够跨过较低的障碍物和滑滑梯

伴随四肢动作更加协调,该月龄段的幼儿可以跨过纸盒、小木板等,会玩滑梯,如图3-16所示。

图3-15 扶手下楼梯

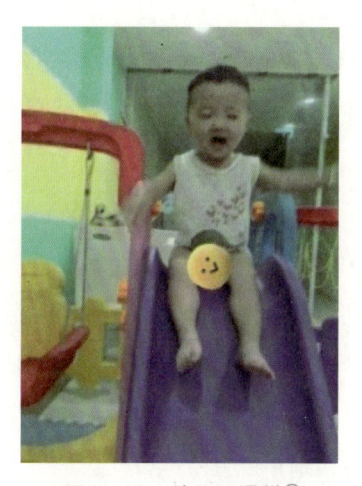

图3-16 幼儿玩滑梯[②]

可以不需扶手或栏杆独自上楼梯。幼儿可以一阶、一阶上楼梯,但是在下楼梯时还需要扶住栏杆或墙壁。

---

[①] 图3-14、图3-15由张盛阳提供。
[②] 图片由雀铭泽提供。

⑤ 31—36个月幼儿能够跨过略高的障碍物

相较25—30个月龄段的幼儿,该月龄段幼儿能跨过更高高度的障碍物,比如,跨过纸盒、小木板等。这是幼儿四肢协调能力进一步发展的结果。与此同时,幼儿可以不需扶手或栏杆独自一阶、一阶上楼梯。

如图3-17所示,幼儿可以一阶、一阶地并脚行走,但是在下楼梯时还需要扶住栏杆或墙壁。

(3) 跑

随着身体动作和大肌肉的不断发展,幼儿开始会跑。最初跑步时,幼儿的动作较为僵硬,速度也较慢,经过反复练习,他们的动作逐渐平稳,上下肢开始协调,速度逐渐加快。

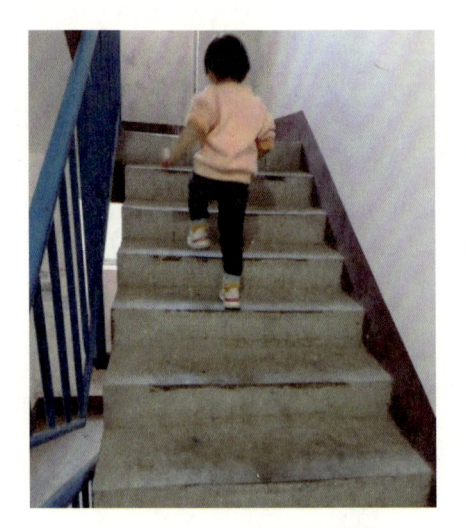

图3-17 双脚交替上楼梯①

19—24个月幼儿开始会跑。24个月的幼儿可以较好地控制身体,开始会跑,部分幼儿还能跑出较长的距离。

25—36个月幼儿形成快速奔跑的平衡能力。该月龄段幼儿能够保持身体的平衡,快速奔跑不摔跤。

(4) 跳

① 16—18个月幼儿初步学会立定跳、蹲跳

该月龄段的幼儿可以依靠成人的帮助或独立地立定跳,还可以在家长的搀扶下,蹲下站起,从一个台阶上跳下。"跳"这一技能发展的关键在于立定跳远,这是因为立定跳远是最基础的动作,其他形式的跳跃活动是立定跳远的变形。

② 19—24个月幼儿会双脚跳

经过不断行走和跑跳,幼儿开始能够用双脚同时跳离地面,跳起来。

③ 25—30个月幼儿能够双脚同时跳离地面,可以独自单腿站立数秒

这个月龄的多数幼儿能够并足在原地跳动,但跳得不高。如果身体重心掌握得好,他们还可以稳稳地单腿站立。

④ 31—36个月幼儿能安全地做跳跃动作

幼儿向前跳跃时身体已显得较为灵活,会单脚向前跳。刚开始学跳时,幼儿的双手一般都是垂在身体两侧或紧张地缩起来,双腿也是绷直不会弯曲;等到掌握了跳的技巧后,就能够将双腿、双臂配合。在学跳初期,幼儿一般跳一次要停顿一两秒之后才能再次起跳;技能

---

① 图片由刘帆提供。

掌握熟练后,能够迅速完成动作且可以连续跳。

(二) 精细动作

精细动作主要包含双手抓握、双手协调以及手眼协调三个方面的动作。

## 1. 抓握动作

所谓抓握,就是用手指将手中的物体环扣起来。随着月龄的增长,0—3岁婴幼儿的抓握物体会逐渐精准,抓握的时间也会逐渐增长。

(1) 0—3个月婴儿抓握动作的发展

0—1个月新生儿的精细动作主要表现为反射性抓握动作。反射性抓握动作是新生儿最先出现和最基本的手部动作,它也是掌握更复杂动作的基础。随着有意识动作的出现,反射性抓握动作出现的频率会慢慢降低。

从3个月起,幼儿开始出现一种不随意的手的抚摸动作,并且经常无意地抚摸亲人、玩具等。

(2) 4—6个月婴儿尝试用双手抓握东西

这个月龄段的婴儿会玩握紧和张开手掌的手指游戏。4个月大的时候,婴儿开始尝试双手抓握东西。

到4个月末,婴儿已经具备了简单地用手摆弄物品的技能,他们抓住物体时,开始用简单的方式摆弄起来。如图3-18所示,婴儿可以双手抓握住东西。

如图3-19所示,4—5个月的婴儿开始伸手用手掌和手指抓握物体,但在抓握物体时,他们习惯伸出一只手而不是同时伸出两只手,且伸出的并不是固定的左手或右手。

图3-18　婴儿双手抓握东西[①]　　图3-19　单手抓握物体的4个月婴儿

---

① 图3-18至图3-27均由张盛阳提供。

图 3-20 把手伸进瓶子掏东西的婴儿

（3）7—9个月婴儿出现单手抓握

8—9个月左右，婴儿在抓握时会将拇指与食指相对，用单手抓住物体。

（4）10—12个月婴儿钳形抓握动作已趋于准确

钳形抓握是将拇指和其他手指对握的技能，这个月龄的婴儿能把手伸进瓶子掏东西，见图3-20。此外，他们还能捡起如葡萄干和小珠子之类的小东西。

（5）13—18个月幼儿会三指抓握和二指捏

随着五指功能逐渐精细化，13—18个月幼儿的抓握动作开始精准。他们开始会用拇指与食指、中指相对，用指尖抓取物品或玩具，即相对成熟的"对指抓握"模式。

图3-21呈现的是幼儿用拇指与食指、拇指与中指相对的方式捏纸的情景。幼儿抓握能力的发展会经历一个复杂的过程，从不成熟的抓握模式向成熟的"对指抓握"模式发展，比如，在抓积木时，幼儿可以用拇指与食指、中指相对的方式将积木抓取，而不是像以前一样使用全部手指抓握。此发展过程大概会经历1年时间。16个月之后，幼儿用拇指和食指捏物的能力获得了更好的发展，可以将豆子捏起放入瓶子里，也可以将混在一起的豆子挑出来。

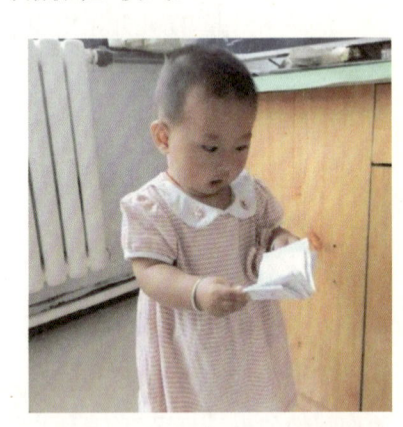

图 3-21 幼儿展现"对指抓握"

2. 协调动作

协调动作是左右手或手部与眼部的配合，完成抓握物体等动作。

（1）双手协调

① 4—6个月婴儿双手协调动作的发展

在4—5个月之间，婴儿开始出现把一个物体从一只手转到另一只手上的易手动作，它是一种经过思考的、需要协调的动作，而非婴儿的空手碰巧碰到了物体那么简单。易手动作在婴儿8个月左右时得到完善。

② 10—12个月婴儿双手协调动作的发展

该月龄段中一些动作发展较好的婴儿，能协调两只手的动作。如图3-22所示，婴儿可以用一只手拿碗，

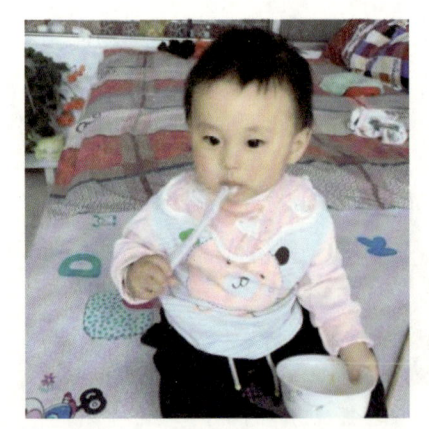

图 3-22 一手拿碗一手拿勺子的12个月婴儿

另一只手拿勺子。

（2）手眼协调

手眼协调指人在视觉配合下手的精细动作的协调性。下面将对不同月龄段婴幼儿手眼协调的能力分别进行介绍。

① 4—6个月婴儿视觉指引抓握

视觉指引抓握是一种相互协调的动作，综合利用各种感觉来探索一个目标。婴儿在4个月左右，能够形成视觉指引抓握的能力。随着不断的实践，婴儿伸手和抓住这两个动作得到了很好的协调，4个月大的婴儿看到物体并尝试伸手去抓时，一般可以成功抓到这个物体。

图3-23显示了婴儿在眼睛的引导下，用双手拿东西的情景。

5个月大的婴儿，已经形成了伸手拿东西的模式。由于手臂协调动作的发展，婴儿的双手在眼睛的引导下，婴儿可以拿到自己喜欢的所有东西，然后用嘴巴进行检查。有些婴儿在自己内在的渴望驱使下，会使用自己的身体发掘新的可能，比如，会将手伸到身体的另一边试图去取自己的目标物体。

图3-23 视觉指引拿物的4个月婴儿

② 10—12个月婴儿手眼协调能力快速发展

随着注意能力的发展，婴儿的手眼协调能力得到提高。比如，如果在他们面前放一个有洞的小钉板，他们可以模仿大人的动作将一个或多个手指插到小钉板的孔中。

12个月左右的婴儿能够抓住铃铛的柄或勺子的末梢，还能将物体从包装得很严实的地方拿出来，比如，打开包糖果的纸。

另外，婴儿的精细运动协调能力进一步发展，看到别人的动作后，会学着捡起玩具，放进玩具盒里，如图3-24所示。

③ 13—18个月幼儿开始用笔涂鸦和自主抓握

在抓握能力发展的基础上，手眼协调能力发展较好的12个月左右的幼儿会自发地拿笔涂鸦。他们会用整个手掌握住笔在纸上戳出点或画出笔道，到14—15个月左右时，他们则可以用笔在纸张上随意乱画。此阶段幼儿的握笔姿势多是手掌向上抓握，可以自由连续地绘画。

图3-24 将玩具放回玩具盒的12个月婴儿

幼儿的手眼协调能力得到快速发展。接近1岁半的幼儿已不再满足搭 2 块积木了,他们渐渐能搭上 3 块甚至更多的积木。他们能将小物品投入瓶中并拿出,刚开始可能要花很大的力气才能将小物品放进瓶子里,但经过大人的示范和自己的练习之后,可以将小物品投进和倒出瓶子,还能使用杯子和小勺喝水。

对于 1 岁多的幼儿来说,他们可以用手准确地将勺子中的饭菜放入口中,而不像 1 岁前那样拿勺子不分方向,部分幼儿还能学着大人拿起杯子喝水,模仿大人翻书。

喜欢抛扔玩具。扔东西是 1 岁幼儿喜欢的自发性游戏。他们总是试图抓住手中的物品,得到之后会非常仔细地研究一会儿,然后把它扔到地上,同时嘴里发出"嗯……嗯……"的声音,并期盼着成人帮他捡回来。捡回来之后,幼儿又挥舞着小手想要拿过来,拿到之后,会再次扔到地板上,然后又期盼着成人捡起来,就这样不断重复扔下去——捡起来——再扔下去——再捡起来的动作。图 3-25 为幼儿抛扔玩具的场景。

图 3-25　15 个月幼儿在抛扔玩具

幼儿的这一行为不是"戏弄",而是一种游戏。他们通过抛扔玩具来观察玩具落地的情景,探索自己和事物之间的关系;也通过抛掷不同质地的玩具,尝试区分物体的不同性质。抛掷游戏不仅有助于幼儿手部健肌的发育,而且还能促进幼儿手眼协调和智力的发展。

④ 19—24 个月幼儿双手开始协调

随着月龄的增长,幼儿的手眼协调能力不断发展。18 个月以后,幼儿双手开始协调,可以做一些日常生活中的精细动作,比如,能够用拇指和食指捏勺子里的米粒。

图 3-26 呈现了 22 个月幼儿用拇指和食指捏勺子里的米粒的场景。与此同时,他们搭积木的能力也获得进一步提高,可以搭 6 块以上的积木。

能握笔及画线。该月龄段幼儿能够用大拇指、食指和中指来握铅笔,还可以画直线。

关乎生活自理的精细动作发展。19—24 个月的幼儿能够在成人帮助下穿袜子和鞋子。不同类型的鞋子对幼儿来说难度不同。搭扣式鞋子、一脚蹬式鞋子较为容易,而拉链式鞋子、鞋带式鞋子较为困难,这个阶段的幼儿可以将搭扣式、脚蹬式鞋子穿上去,只是偶尔需要成人的协助。拉

图 3-26　用拇指和食指捏米粒的 22 个月幼儿

链式和鞋带式鞋子则需要成人协助。

⑤ 25—30个月幼儿手眼协调动作更为精准

25—30个月幼儿手的动作更加灵活,能较为准确灵活地运用物体。同时他们会拼搭各种形状的积木,如小房子、小火车、门楼等;还可以用指尖握笔(而不是用整个拳头发力)在纸上随意画。在日常生活中,手部动作发展较好的幼儿已开始使用筷子,还有部分幼儿开始学着自己穿脱衣服、系扣子等。

⑥ 31—36个月幼儿手眼协调动作更为精细

可以有目的地使用剪刀。3岁左右幼儿的拇指控制能力进一步增强,他们不但可以将剪刀张开至较大幅度,而且还可以较顺畅地合起剪刀,能剪开较短的纸条。

图3-27 24个月幼儿自己穿鞋

能正确握笔、画简单图形。该月龄段幼儿可以用食指跟中指夹笔,拇指压住笔,无名指和小指依次抵靠住中指。他们可以画出一些指定图形,如十字形、正方形、多边形等;部分幼儿还会画人体轮廓。

堆积木的水平不断提高。由于此月龄段幼儿的手眼协调能力、精细动作能力的不断发展,幼儿搭积木的水平得到进一步提高。他们能用积木搭出各类小房子和小汽车等,并能将积木堆至8—10层。

可以跟着大人学折纸。此月龄段幼儿还会跟着成人学折纸,在成人的示范和指导下,幼儿能将纸对折一次或多次。刚开始折纸时,幼儿可能折的不是很整齐,经过一段时间的练习,他们能够将纸对齐、折好、压平。一般幼儿是先学会折长方形或四方形,之后逐渐学会折三角形以及其他更复杂的图形。

图3-28 正确握油画棒画画的36个月幼儿①

### (三)器械操控

器械操控指操作或控制器械类物体,是儿童基本动作技能中的重要组成部分,学前期是器械操控能力发展的关键期。根据13—36个月幼儿器械操控能力的发展水平,在此只聚焦球类和车类的器械操控。

---

① 图片由柴锦文提供。

### 1. 球类运动

13—36个月幼儿的球类运动主要体现在抛、接球两个简单的动作上。

（1）13—18个月幼儿开始学会抛球

一般情况下，15个月左右的幼儿能在家长指导下，举手过肩将球抛出去。在抛球过程中，幼儿的平衡能力和身体协调能力均得到发展。

（2）25—30个月幼儿会抛接球

到了30个月左右，幼儿不仅可以抛球至2—3米远的距离，而且还能双手接住从地面滚来的小球。

（3）31—36个月幼儿协调性抛接球

30个月之前的幼儿看到抛来的球只会僵硬地伸出胳膊和手，但到了36个月左右，他们已经能够较灵活地用胳膊而不是胸膛挡球。再大一些的幼儿，会通过协调肩膀、躯干和腿等身体部位来抛、接球。

### 2. 车类运动

车类运动在此主要指幼儿骑脚踏三轮车运动。

骑脚踏三轮车是一项锻炼全身协调能力的运动，需要上下肢协调、手眼协调和身体平衡等多种能力的共同配合，因此只有36个月左右幼儿才初步具备脚踏三轮车的能力。36个月左右幼儿由于还没有形成很好地控制身体平衡的能力，所以在刚开始学习骑车的时候需要家长帮助。他们学习骑脚踏三轮车的过程一般是先学习蹬踏动作，比如，双脚同时踏、向前蹬车，然后是双手配合调节方向。

图3-29显示了36个月幼儿双脚同时向前蹬车的情景。在幼儿学会骑车并熟练掌握技能后，他们会自己试着左右转动、后退及拐弯、躲过障碍物等。

图3-29 骑脚踏三轮车的36个月幼儿[①]

> **本章小结**

一、核心概念

动作是全身或身体的一部分活动。0—3岁婴幼儿的动作发展指各种基本动作有规律

---

[①] 图3-29由刘一谦提供。

地产生和不断发展变化的过程,包括身体协调和手眼动作协调以及器械操控三个方面。动作的类型按照是否来自先天遗传可将动作分为无条件反射动作和条件反射动作,无条件反射动作是与生俱来的应对外界刺激所产生的行为,条件反射动作是婴幼儿后天习得的行为。

按照意识主动控制的程度可将动作分为无意识动作和有意识动作,无意识动作指不受意识主动控制的动作,有意识动作指受意识主动控制的动作,按照牵引动作的肌肉类型可将动作分为大肌肉动作和精细动作。

## 二、相关经典理论

### 1. 格塞尔自然成熟理论

儿童心理的发展过程是有规律、有顺序的一种发展模式。这种模式是由物种和生物进化的顺序决定的,是由生物体遗传的基本单位——基因决定的。所谓"成熟"就是"给予通过基因来指导发展过程的机制一个真正的名字"。

### 2. 泰伦动力系统理论

动力系统理论(Thelen,2002)对运动技能的发展和协调整合进行了解释。所谓整合就是指婴幼儿在发展过程中各种技能的协调,包括婴儿肌肉的发展、知觉能力和神经系统的发展,以及执行特定活动的动机和来自环境的支持。

## 三、动作的发展价值

动作贯穿人的发展之始终。动作发展是人能动地适应环境和社会并与之相互作用的结果,动作的发展与人的身体、智力、行为和健康发展的关系十分密切。[①] 0—3 岁婴幼儿动作的发展会影响到他们的身心健康、人格发展、智力发展和社会化发展。

## 四、0—3 岁婴幼儿动作发展的主要轨迹

### 1. 由整体到分化

0—3 岁婴幼儿最初的动作是全身性、笼统和散漫的,之后逐渐分化为局部、准确和专门化。

### 2. 由上到下

0—3 岁婴幼儿的生长发育遵循从头到脚的顺序,这种发展趋势可称为"首尾规律"。

### 3. 由近到远

0—3 岁婴幼儿生长发育的另一个特点是从身体的中心部位发展到四肢。

---

[①] 格雷格·佩恩,耿培新,梁国离. 人类动作发展概论[M]. 北京: 人民教育出版社,2008:53.

## 巩固与练习

一、简答题

1. 简述0—3岁婴幼儿动作发展的轨迹。
2. 简析婴幼儿动作发展的相关理论。

二、案例分析

### 嘟嘟为什么会匍匐爬行？

嘟嘟7个月大的时候刚练习爬行，如果妈妈用手抵住他的足底，他会向前匍匐爬行。到9个月时，他能够膝盖不着地灵活爬行。为什么嘟嘟在9个月大时能膝盖不着地向前匍匐爬行呢？

# 第四章

# 0—3岁婴幼儿认知发展的基础知识

## 学习目标

- 理解0—3岁婴幼儿认知发展关联理论。

- 知晓0—3岁婴幼儿注意、记忆和思维发展概念。

- 了解0—3岁婴幼儿注意、记忆以及思维发展轨迹。

## 本章重点

- 0—3岁婴幼儿认知发展关联理论。
- 0—3岁婴幼儿注意发展轨迹。
- 0—3岁婴幼儿记忆发展特点。
- 0—3岁婴幼儿思维发展轨迹。

## 学习内容

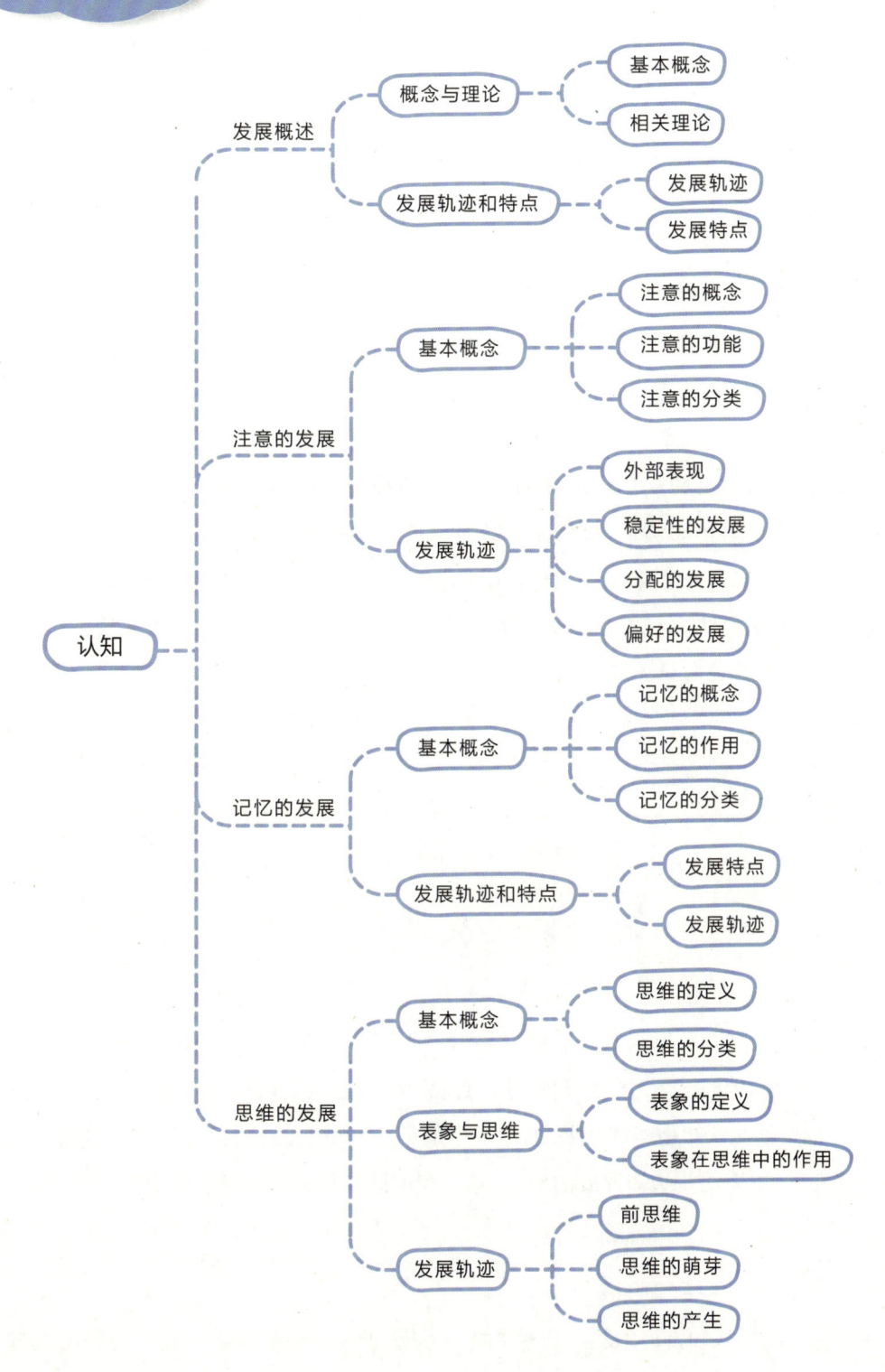

- 认知
  - 发展概述
    - 概念与理论
      - 基本概念
      - 相关理论
    - 发展轨迹和特点
      - 发展轨迹
      - 发展特点
  - 注意的发展
    - 基本概念
      - 注意的概念
      - 注意的功能
      - 注意的分类
    - 发展轨迹
      - 外部表现
      - 稳定性的发展
      - 分配的发展
      - 偏好的发展
  - 记忆的发展
    - 基本概念
      - 记忆的概念
      - 记忆的作用
      - 记忆的分类
    - 发展轨迹和特点
      - 发展特点
      - 发展轨迹
  - 思维的发展
    - 基本概念
      - 思维的定义
      - 思维的分类
    - 表象与思维
      - 表象的定义
      - 表象在思维中的作用
    - 发展轨迹
      - 前思维
      - 思维的萌芽
      - 思维的产生

> **小案例**
>
> 丁丁3个月了,妈妈把他抱到玲玲家串门,丁丁不停地扫视周围,对玲玲的玩偶表现出极大兴趣,一直端详着看,当妈妈把玩偶拿开时,丁丁会用眼睛去寻找。
>
> ☞ **聚焦思考**
>
> A:丁丁为什么对玲玲的玩偶表现出极大兴趣?
>
> B:妈妈把玩偶拿开时,丁丁为什么会用眼睛去找呢?
>
> ☞ **小小分析**
>
> A:丁丁为什么对玲玲的玩偶表现出极大兴趣?
>
> 0—3个月婴儿以无意注意为主,体现出无意性。无意性特征是婴儿早期认知的最基本特征,注意也不例外。0—3个月婴儿注意某个物体或某种现象是因为这一类物体或现象有着显著的特征,突显于环境之中。例如,新环境、不同于其他的声音,陌生的或彩色鲜艳的、可以转动移动的物品,等等。
>
> B:当妈妈把玩偶拿开时,丁丁为什么会用眼睛去找呢?
>
> 新生儿就已经有记忆了,当婴儿注意的物体从视野中消失时,他能用眼睛去寻找,这表明婴儿已经有了短时记忆。丁丁之所以还会去看放玩偶的地方,表明他已经对放玩偶的位置产生了记忆。

# 第一节 发展概述

在0—3岁婴幼儿的成长发展过程中,不断变化的新图像、气味、声音和身体感觉刺激着他们有限的意识,他们试图对这些知觉进行组织、整合,这就是认知的开始。

0—3岁婴幼儿认知是连续发展的,但其中由量变到质变的重要节点也并不鲜见。本节主要围绕0—3岁婴幼儿认知发展的概念、意义和理论以及基本特点进行阐述。

## 一、概念与理论

中国古代关于认知发展的某些思想初见于先秦诸子的一些著作。孔子曾提出人有"生而知之者"与"学而知之者",此观点涉及认知发展中的先天与后天关系的问题。自此之后,一直存在着关于认知发展以至整个人的心理发展的论争。关于认知发展的科学研究则是在近百年来引入西方的心理学之后才逐步发展起来的。十八世纪后,婴幼儿心理学逐步发展成为一门独立的心理学分支,其中包括婴幼儿的认知发展。此后出现的各种心理学流派,各自对婴幼儿认知发展的事实作出不同的解释,并对相关的问题作出不同的解答。

### (一) 基本概念

认知是大脑反映客观事物的特性与联系并揭示事物对人的意义及其作用的复杂的心理活动。婴幼儿认知发展是指其在注意、记忆和思维等认知活动中发生和变化的过程。

#### 1. 基本范畴

关于认知的确切范畴和结构,目前心理学界还没有统一的看法,但心理学家普遍都认同,认知包括注意、记忆、思维、想象等复杂的高级心理过程。这些心理过程之间并不是互相割裂、界限分明的,它们彼此互相交叉重叠,比如,记忆策略的采用,也可以是解决问题的一个步骤,通过采取相应的策略以使问题得以解决,在此例子中,包括了记忆和思维这两个心理活动过程。

本书所涉及的 0—3 岁婴幼儿认知主要包含层面如图 4-1 所示。

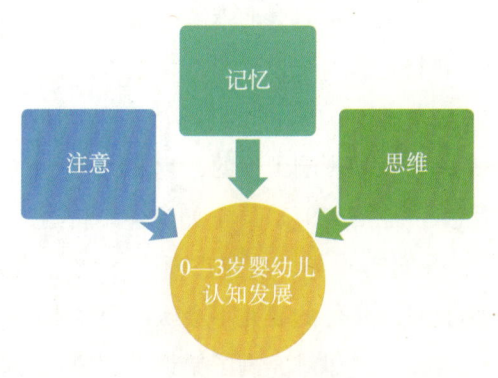

图 4-1 本书涉及 0—3 岁婴幼儿认知范畴

#### 2. 认知与感知觉关系

在不少关于婴幼儿心理发展的书籍中,也有把感知觉归为认知范畴的。其理由是人们获得知识或应用知识的过程开始于感觉与知觉。感觉是对事物个别属性和特性的认识,例如,感觉到颜色、明暗、声调、香臭、粗细、软硬,等等。而知觉是对事物的整体及其联系与关系的认识,例如,看到一面红旗,听到一阵嘈杂的人声,摸到一件柔软的毛衣,等等。人们通过感知觉所获得的知识经验,在刺激物停止作用之后,并没有马上消失,而是还保留在人们的头脑中,并在需要时能再现出来。这种积累和保存个体经验的心理过程,就叫作记忆。人不仅能直接感知个别、具体的事物,认识事物的表面联系和关系,而且还能运用头脑中已有的知识和经验去间接、概括地认识事物,揭露事物的本质及其内在的联系和规律,形成对事物的概念,从而进行推理和判断,解决面临的各种各样的问题,这就是思维。

### 3. 本书的分章思考

本书之所以要分为两章来分别叙述,一是出于关系考虑,二是出于篇幅考虑。首先,因为 0—3 岁婴幼儿的心理发展最主要是体现在感知觉和动作方面。这两者都成为他们认知发展的重要基础,所以感知觉和动作应该分别独立成章。其次,理论上我们也相信感知觉是认知的一部分,但如果将感知觉纳入认知这一章节,则这一章的容量会太大,所以只能分别成章表述。

## (二) 相关理论概述

0—3 岁婴幼儿是如何认识这个世界的?又是怎样获得知识的呢?0—3 岁婴幼儿的认知发展与成人的认知有何差异?关于这些问题,皮亚杰的认知发展理论、维果茨基的社会文化理论和信息加工理论对此进行了不同的阐述。

### 1. 皮亚杰的认知发展阶段理论

让·皮亚杰(Jean Piage, 1896—1980)对儿童认知发展的研究有着巨大的贡献,他为我们提供了第一个关于婴幼儿认知发展的理论框架。根据皮亚杰的认知发展理论,当婴幼儿操纵、探索世界时,他们就在积极地建构知识。

(1) 理论概述

皮亚杰早期的生物学训练极大地影响了他的儿童发展观。认知发展理论的中心是适应(adaptation)这个生物学概念(皮亚杰,1971)。正如身体结构适应于环境一样,心理结构也在发展,以更好地适应或者表征外部世界。皮亚杰断言,处于婴儿期和幼儿早期的孩子们,其理解力不同于成人,比如,他认为年幼的婴儿不会认识到客体(如玩具或母亲)隐藏在视线之外还仍然存在。他还推定婴幼儿的思维充满了错误的逻辑,比如,7 岁以下的婴幼儿一般都会说,当把牛奶倒入不同形状的容器时,他们认为数量会有所改变。根据皮亚杰的观点,婴幼儿通过不断的努力最终修正了他们错误的观点,使自身的内部结构与日常生活中所获得的信息达成了平衡(equilibrium)。

皮亚杰在其认知发展理论中指出,随着大脑的发展和婴幼儿经验的不断增加,个体发展经过了四个主要的阶段,每个阶段均以不同的思维方式为特色。表 4-1 和表 4-2 呈现了皮亚杰认知发展理论中关乎 0—3 岁婴幼儿发展的阶段描述。

表4-1 皮亚杰的认知发展阶段理论节选[1]

| 阶段 | 发展时期 | 描述 |
| --- | --- | --- |
| 感知运动阶段 | 出生—2岁 | 婴儿借助他们的眼睛、耳朵、手和嘴巴作用于世界从而进行"思考"。结果,他们创造了解决感知动作问题的方法,例如,推一个操作杆以听音乐盒的声音,寻找隐藏的玩具,把物品放入或拿出容器等。 |
| 前运算阶段 | 2—7岁 | 婴幼儿以符号来表征他们先前在感知运动时期的发现。语言和假装游戏也自此发展。不过,此时他们的思维缺乏后两个阶段所具有的逻辑性。 |

根据皮亚杰提出的婴幼儿认知发展理论,0—2岁婴幼儿处于感知运动阶段,是婴幼儿认知发展的第一阶段。2—7岁幼儿处于前运算阶段。

① 感知运动阶段(0—2岁)

从出生时开始,这一阶段的婴幼儿主要通过自己的感觉和运动技能来学习。他们经历了从新生儿时期的通过反射随机行为来反应,转变为有目标指向的反应阶段。这一阶段可以分为六个子阶段(见表4-2)。

表4-2 皮亚杰感觉运动阶段的特点[2]

| 亚阶段 | 月龄 | 典型特点 |
| --- | --- | --- |
| 1. 反射图式<br>(reflexive schemes) | 0—1个月 | 婴儿练习自己先天反射——吮吸、抓握、凝视、倾听。但是还无法协调来自各种感觉的信息。 |
| 2. 初级循环反应<br>(primary circular reactions) | 1—4个月 | 婴儿重复令人愉快的行为,其活动的重点是自己的身体而不是行为对环境的影响。婴儿有了最初适应,比如,以不同的方式吮吸不同的东西,他们开始能够协调感觉信息和抓握物体。 |
| 3. 次级循环反应<br>(secondary circular reactions) | 4—8个月 | 婴儿对环境的兴趣增加,他们会重复能够带来有趣结果的动作。这时的动作是有意图的,但起初不是目标指向的。 |
| 4. 次级图式的协调<br>(coordination of secondary schemes) | 8—12个月 | 行为变得更为精细和有目的性,婴儿更能够协调先前学会的图式,并用先前学会的行为达到自己的目的。他们也能够预期事件的发生。 |

---

[1] 劳拉·E.贝克.婴儿、儿童和青少年(第五版)[M].桑标等译.上海:上海人民出版社,2019.
[2] 雷雳.发展心理学[M].北京:中国人民大学出版社,2017.

续表

| 亚阶段 | 月龄 | 典型特点 |
|---|---|---|
| 5. 三级循环反应<br>(tertiary circular reactions) | 12—18个月 | 婴儿表现出好奇心和对物体属性的探索，他们能够有目的地变化自己的动作来看会有什么结果。他们主动地探索自己的世界，去发现一个物体、事件或情境有什么新颖的东西。他们会尝试新的活动，并在问题解决中使用"尝试—错误"的方法。 |
| 6. 心理组合<br>(mental combination) | 18—24个月 | 婴儿能够对事件进行心理表征，所以他们的问题解决不再局限于"尝试—错误"。符号思维让他们开始在不需要动作的情况下对事件进行思考，并预期其结果。婴儿开始表现出顿悟。他们能够使用姿势和词语这样的符号，并能够假装。 |

② 前运算阶段（2—7岁）

皮亚杰认为，大约在18个月到2岁期间，幼儿在诸如延迟模仿和符号游戏等现象中，表现出越来越突出的心理表征迹象。幼儿可以将未出现在当前情境中的客体和事件表征为图片、声音、表象或其他形式。这种变化标志着前运算阶段的开始。

在前运算阶段，幼儿思维的发展主要表现在动作内化和符号表征这两个方面。随着幼儿对物体永久性的意识巩固、动作的大量内化，语言的快速发展及初步完善，幼儿开始频繁地借助语言与象征等表象符号来代替外界实体，例如，会用手势比划出苹果"大"又"圆"。与此同时，他们的思维也开始从具体动作中逐渐摆脱出来，凭借在头脑里形成的表象而进行"表象性思维"，比如，妈妈说"自己吃饭是怎么吃的"？幼儿就会想象性地用身体做出端碗、拿勺、送入口中等动作，而此时并没有真正的碗筷在眼前。因此，前运算阶段又被又称为"表象思维"阶段。

### 小贴士

#### 动作内化

在前运算阶段，婴幼儿动作的内化具有非常重要的意义。为说明内化的含义，皮亚杰举过一个例子：有一次皮亚杰带着3岁的女儿去探望一个朋友，皮亚杰的这位朋友家有一个1岁多的小男孩，正放在婴儿围栏（play ben）中独自嬉玩，嬉戏过程中小男孩突然跌倒在地下，紧接着便愤怒而大声地哭叫起来。当时皮亚杰的女儿惊奇地看到这情景，口中喃喃有声。三天后在自己的家中，皮

> 亚杰发现3岁的小姑娘似乎照着那1岁多小男孩的模样，重复地跌倒了几次，但她没有因跌倒而愤怒啼哭，而是咯咯发笑，以一种愉快的心境亲身体验着她在三天前所见过的"游戏"的乐趣。皮亚杰指出，三天前那个小男孩跌倒的动作显然已经内化于女儿的头脑中去了。

在感知运动阶段，认知发展以婴幼儿运用感知和运动来探索世界为开端，这些行为模式在前运算阶段发展为婴幼儿符号化的、不合逻辑的思维。在具体运算阶段，学龄儿童的认知被转换为更富有组织性的推理。

（2）理论启发

皮亚杰的儿童认知发展理论给我们有两大启发。

其一，激发婴幼儿的主动学习。与传授式教育理论最大的不同，皮亚杰的儿童认知发展理论强调了0—3岁婴幼儿是依靠自身去建构他们的知识体系，因此我们每个与0—3岁婴幼儿有关联的成年人都应该创设各种条件，去激发0—3岁婴幼儿的主动学习，而不是一味地强行灌输。其二，增强0—3岁婴幼儿的活动性。诚如皮亚杰所强调的，0—2岁婴幼儿处于"感觉运动期"，他们主要依靠自己的感觉通道和动作来探索并发现世界，所以我们需要最大限度地让0—3岁婴幼儿身体力行，去进行各种活动，而不是总以语言去命令他们做什么。

## 2. 维果茨基的社会文化理论

心理学家维果茨基(Lev Vygotsky，1896—1934)研究儿童的心理发展与文化特异性的实践(culturally specific-practices)之间的内在关系，拓宽了皮亚杰基于生物概念的认知发展理论的范围。

（1）理论概述

维果茨基的理论被称为"社会文化理论"(socio-cultural theory)，该理论注重文化—价值观、信念、习俗和社会团体技能的代际传递。根据维果茨基的观点，社会互动是儿童获得思考和行为方式所必需的，而这些思考和行为的方式组成了社会团体文化(Rowe & Wertsch, 2002)。维果茨基相信，当成人和更有经验的同伴帮助儿童掌握具有文化意义的活动时，例如，在引导儿童学习打招呼的方式时，他们与儿童之间的交流就会成为儿童思考的一部分。当儿童内化了他们与成人及同伴之间的对话的特点时，他们就能使用内部语言来引导自己的思考和行为，并习得新技能(Berk, 2001)。

（2）理论启发

维果茨基的社会文化理论给我们的启发也体现在以下两大方面。

首先要吸纳文化元素。维果茨基的理论更强调婴幼儿的认知发展深受文化之影响,因此当我们要为 0—3 岁婴幼儿的认知发展创造各项条件时,首要任务就是吸纳 0—3 岁婴幼儿所处的文化环境中的优秀元素,使之成为 0—3 岁婴幼儿认知发展的社会营养。

其次需提供"鹰架"支持。诚如维果茨基指出的,当婴幼儿应对新挑战时,他们依赖于成人或更有经验的同伴所提供的协助,这种协助被维果茨基比喻为"鹰架",即建造房子时用的脚手架。我们每一个与 0—3 岁婴幼儿有关联的成人都需为促进他们的认知发展提供"鹰架",这包括给 0—3 岁婴幼儿提供认知示范,对他们的认知探索提供引领指正,让他们完成略高于现有认知发展水平的挑战任务,例如,当 2 岁幼儿开始认识红、蓝色的积木时,我们可以加一块黄颜色的积木让他们辨识,帮助他们形成"红黄蓝"生命三原色的概念。

## 二、发展轨迹和特点

0—3 岁婴幼儿认知发展的轨迹是怎样的?又有着什么样的发展特点呢?下面将对 0—3 岁婴幼儿认知发展的轨迹和特点进行介绍。

### (一) 0—3 岁婴幼儿认知发展的轨迹

0—3 岁婴幼儿的认知发展经历了一个由简单到复杂、由局部到整体的逐步发展过程,其发展趋势主要表现在由我及彼、由表及里、由偏到全、由低到高等几个方面。

#### 1. 认知发展由我及彼

婴幼儿的认知发展表现出从"以自我为中心"(这个概念在下文会详细解释)到"去自我中心"的发展趋势。在婴幼儿获得客观永存概念之前,婴幼儿认知的范围就限于自己。随着生活经验的积累,婴幼儿逐步认识到客观事物和自己,思维上仍然会有自我中心的特征,凭自己的经验去认识事物,总会认为自己所思即他人所想。0—3 岁婴幼儿基本处于"以自我为中心"阶段,在入学前后期,幼儿的认知发展才会逐渐地"去自我中心",即意识到他人与自己是有不同的观点和想法的。去自我中心化的过程使婴幼儿的认知呈现出从主观到客观的发展趋势。

#### 2. 认知发展由表及里

婴幼儿最初只能认识事物的表面现象,随着月龄的增长,才会逐渐认识到事物的内在本质属性。例如,2 岁的明明看到邻居周阿姨牵着她 7 岁的女儿说"她是周阿姨家的小姐姐",这时明明依据周阿姨和她女儿的外部感知特征作出的判断,虽然明明把两个概念"周阿姨"和"小姐姐"联系在了一起,但却没有揭示出两者之间不能由直接感知发现的联系(例如,说出"小姐姐是周阿姨的女儿")。根据皮亚杰的分析,0—2 岁的婴幼儿正处于感知运动阶段,他们的认知能力只能反映自身感知觉和动作能够揭露的事物,其反映材料的组织程度较低,不够灵活。随着认知发展水平的提高,思维逐渐由依靠外部动作的感知运动阶段转变为依靠表象等进行思维活动的前运算阶段时,3岁左右的幼儿才能逐渐揭示感知觉背后的事物关系和联系。

### 3. 认知发展由偏到全

0—3岁婴幼儿在对某一事物或现象进行感知时,会出现只看到事物局部属性而忽略整体属性,或只看到事物整体属性而忽略局部属性,导致部分与整体属性的感知割裂的情况。0—3岁的婴幼儿往往只是专注于事物的某一部分而忽视其他部分,以偏概全。例如,当他们看到一只带白色斑点的黑色小狗时,会说这是黑狗而忽略小狗身上的白色。随着月龄的增长,他们对事物的认知才会有整体的知觉。

### 4. 认知发展由低到高

0—3岁婴幼儿对分类概念的习得是从最初简单的认识到比较完全的认识,从朴素的认知到比较科学的认知,由浅入深。例如,8个月的宝宝认识了红色的苹果;12个月的时候,他知道了苹果除了有红色的,还有绿色的、黄色的;18个月的时候,他知道了水果的概念,苹果是属于水果的一种。他们依次获得不同层次的概念,以后才形成类属的概念,而类属的概念形成之后还会不断发展,即使到小学以后,类属的概念发展也仍在继续进行。

## (二) 0—3岁婴幼儿认知发展的特点

0—3岁婴幼儿处于其神经和心理的不成熟阶段,而这种不成熟也充分体现在其认知发展的程度和层次上。相对于个体的其他年龄段,0—3岁婴幼儿的认知发展体现出直觉行动性和自我中心性。

### 1. 直觉行动性

0—3岁婴幼儿的思维具有很大的直觉行动性,具体表现为婴幼儿的思维离不开自身对物体的感知和动作。婴儿期思维带有很大的直觉行动性,该年龄段婴幼儿的认知发展具有狭隘性(思维的范围较窄)、表面性(思维内容较浅显)和情景性(思维持续时间较短)等特点。认知发展的直觉行动性使0—3岁婴幼儿很难掌握事物的本质及其之间的复杂关系。

0—3岁婴幼儿的认知活动必须依靠外在的操作活动,本年龄段的婴幼儿主要依靠口腔和手的探索来认识世界,当0—3岁的婴幼儿面对新的物体时,口腔活动(嘴动)的频率高于其他年龄段。例如,1岁的婴幼儿总喜欢把抓到的任何东西放到嘴巴里,2—3岁的婴幼儿总是喜欢东摸摸西摸摸。

0—3岁婴幼儿的判断与推理也极大地受到感知信息的干扰。例如,让30个月大的明明比较数目一样多的雪花片,如果两排雪花片排列的间隔不同,上一排的排列稀疏一些,下一排的排列紧密一些,明明会认为上一排的数量比下一排的多。因此,0—3岁婴幼儿的心理活动极易受他们当时看到、听到和摸到事物后的感觉的影响。认知活动的情境性还会使婴幼儿出现注意不稳定的现象,周围任何事物及其变化都容易引起婴幼儿的注意。

### 2. 自我中心性

"自我中心"是瑞士心理学家皮亚杰提出的心理学术语,是指婴幼儿在前运算阶段(2—7岁)只会从自己的立场与观点去认识事物,而不能从客观的、他人的立场和观点去认识事物。例如,当自己的汤是热的时,就认为别人的汤也是热的。3岁以前的婴幼儿是不能从他人或客体的角度去思考问题的,因此常常表现"泛灵论"思维,即本年龄段的婴幼儿认为"万物皆有灵",认为他看到的、听到的所有事物都和自己一样是有生命、有意识的个体。例如,凳子倒在地上会知道疼痛。

对于婴幼儿来说,去自我中心需要经历一个过程。10个月之前的婴儿尚未获得稳定的客体概念,不能意识到外物存在与否不受自身察觉的影响。10个月左右的婴幼儿开始逐渐获得"客体永存"的概念,开始意识到客体"不被自己看到,但仍然存在"这一客观事实。

18个月时,幼儿开始区别自我与客体,但此时仍不能意识到他人观点的存在,这些都是幼儿自我中心性的典型表现。在学前晚期(4—6岁),幼儿会逐渐进入"去自我中心化"的过程,能意识到他人与自己观点的不一致。

# 第二节 注意的发展

注意是日常生活中一种心理现象。人一生下来就有注意。新生儿的这种注意实质上是一种先天的定向反射,也是无意注意的最初形态。新生儿已有了注意的选择性,并具备了对外界进行扫视的能力。

## 一、基本概念

注意是认知发展的起始和基础阶段,下面将从注意的概念、注意的功能、注意的分类进行介绍。

### (一) 注意的概念

注意是心理活动对一定对象的指向和集中,是伴随着感知觉、记忆、思维、想象等心理过程的心理特征。注意有两个基本特征:指向性和集中性。

#### 1. 注意的指向性

所谓的指向性是指在一瞬间,人的心理活动选择了某个对象,而忽略了其他对象的心理活动。例如,一名幼儿进入一个房间,他的心理活动选择了地板上的小汽车玩具,而忽略了房间里的人以及其他的玩具。对前者他看得清、记得牢,而对后者则只会留下较模糊的印象。因此,注意的指向性是指心理活动在某个方向上进行活动,指向性不同,人们从外界接收的信息也不同。

2. 注意的集中性

所谓集中性是指当心理活动指向某个对象的时候,它们会在这个对象上集中起来,即全神贯注起来的心理活动。注意的指向性是指心理活动朝向的对象,而注意的集中性则是指心理活动在一定方向上活动的强度和紧张度。心理活动的强度越大,紧张度越高,注意也就越发集中。

（二）注意的功能

注意的基本功能是对信息进行选择。周围环境给人们提供了大量的刺激,排除无关刺激的干扰,只选择重要的信息这就是注意的基本功能。注意对信息的选择受许多因素的影响,如刺激物的物理特性,人的需要、兴趣、情感、过去的知识经验等。

注意指向并集中在一定对象之后,会保持一定的时间并维持心理活动的持续进行,这时被选择的对象或信息居于意识的中心非常清晰,人们容易对它作进一步的加工和处理。研究表明,人对外界输入信息的精细加工及整合作用都发生在注意状态下(Treisman,1980,1986;陈彩琦,付桂芳,金志成,2003)。

注意保证了人对事物更清晰的认识、更准确的反应和进行更可控有序的行为,这是人们获得知识、掌握技能、完成各种智力操作和实际工作任务重要的心理条件。

（三）注意的分类

根据注意有没有自觉目的性和意志努力,可以分为无意注意和有意注意两类。

1. 无意注意

无意注意也叫作不随意注意,它既没有预定目的,也不需要意志努力。无意注意是被动的,是对环境变化的应答性反应。引起无意注意的原因主要有以下两类:

(1) 刺激物的物理特性。刺激物本身的新颖性、强度、刺激物之间的对比性都容易引起无意注意。如大街上穿着怪异的行人、视频中夸张的人物造型、安静环境中突然响起的说话声都会引起0—3岁婴幼儿的注意。

(2) 人本身的状态。无意注意不仅由外界刺激物被动地引起,而且和人自身的状态(兴趣、需要和经验等)也有密切关系。自身状态不同,对同样刺激的注意情况也可能不一样,例如,奶奶在择菜,有些婴幼儿会将视线转向奶奶,并一直看着择菜;而有些婴幼儿却看一眼,就把视线转到玩具上了。

### 2. 有意注意

有意注意指有预定目的、需要一定意志力的注意。它服从于一定的人物活动，并受人的意识自觉调节和支配。有意注意依赖的因素有很多，最主要有以下三种：

（1）明确的活动目的和任务。因为有意注意是一种有预定目的的注意，所以个体对活动目的和任务的明确与否对有意注意的发生和维持具有重大意义。一般来说，活动的目的越明确、越具体，就越容易引起和维持个体的有意注意。

（2）直接兴趣和间接兴趣。兴趣可以分为直接兴趣和间接兴趣两种，对事物本身和活动过程的兴趣是直接兴趣，而对活动的目的和结果的兴趣是间接兴趣。直接兴趣在无意注意的产生中有重要作用，而间接兴趣则与有意注意有关。稳定的间接兴趣，可以引起和保持有意注意。

（3）良好的意志品质

有意注意是一种随意注意，需要用坚强的意志力来维持。意志坚强的人能主动调节自己的注意，使之服从之前的活动目标和任务；意志薄弱的人则很难排除环境和来自自身的各种干扰的消极影响，因而也就不可能很好地保持自己的有意注意。

## 二、发展轨迹

下面将对 0—3 岁婴幼儿注意的外部表现、注意的稳定性、注意的分配等发展特征进行概述。

### （一）注意的外部表现

注意是一种内部心理状态，可以通过人的外部行为表现出来。例如，当婴幼儿听到某种声音时，他的感觉器官常常转向所注意的对象，以便获得最清晰的印象。注意时，人的血液循环和呼吸都可能出现变化，如血管收缩、呼吸时间与比例的变化，吸气变短而呼气相对延长等，当注意高度集中时，还常常会伴随某些特殊的动作，如拖住下颌、伸手触碰或靠近注意的物体等。

#### 1. 1—3 个月婴儿听觉注意强于视觉注意

1—3 个月大的婴儿"听觉注意力"和"视觉注意力"都会有明显的发展。他们已能追踪声源，将头转向声音发出的方位；3 个月以内的婴儿已能追视在眼前左右晃动的红球；其中听觉注意力的发展要好于视觉注意力的发展，这是因为这个月龄段的婴儿对声音刺激的反应明显强于图像刺激。

#### 2. 7—12 个月婴儿的注意时间增加

除以视觉和听觉的注意之外，婴儿的动态注意，即通过够物、抓握、吸吮、操作等动作而进行的注意时间有所增加。

如图4-2所示,8个月的婴儿会长时间摆弄喜欢的玩具,并尝试用不同的方式玩玩具,与此同时,婴儿的喜好也参与到婴儿的注意活动过程中,他注意的内容和时间都受到喜欢程度的影响。

### (二) 注意稳定性的发展

注意的稳定性是指注意在一定时间内保持在某个认识的客体或活动上,也叫作持续性注意。注意的稳定性是衡量注意品质的一个重要指标,它在人们的工作和日常生活中具有重要的意义。下面将分月龄段对0—3岁婴幼儿有意注意和无意注意发展的稳定性发展特征进行介绍。

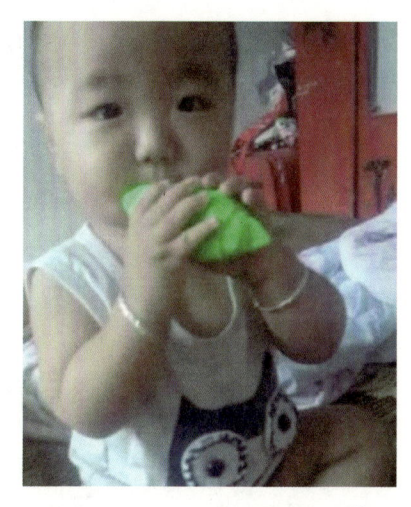

图4-2 8个月婴儿摆弄玩具①

#### 1. 无意注意的发展

3岁前婴儿的注意以无意为主,下面将介绍0—3岁婴儿无意注意的特征。

(1) 以无意注意为主,且时间较短

无意性特征是婴儿早期认知的最基本特征,0—3个月婴儿无意注意的发生是因为婴儿所注意的物体或现象具有显著的特征,突显于环境之中。例如,安静室内突然出现的声音、红色的玩偶、响起的音乐等都会引起婴儿的无意注意,但注意时间较短。

(2) 注意保持过程中易出现对刺激的习惯化

所谓"习惯化"指婴儿对已经多次重复出现过的刺激物的注意时间逐渐变短的现象。婴儿第一次看到新奇玩具时的注意时间略长,但如果连续7天,每天3—4次为婴儿提供一个同样的玩具,他们的注意时间就会逐渐减少。这就是婴幼儿发展过程中的习惯化表现。

**小贴士**

### 习惯化

由于刺激重复发生而无任何有意思的结果致使个体对这种刺激(如警报、防御、攻击)的自发反应减弱或消失的现象。改变刺激的形式或结果,可能使习惯化了的反应重新发生。

---

① 图4-2由崔铭泽提供。

习惯化范式起源于罗伯特·范滋(Robert Fantz)在二十世纪五十年代末的婴儿视觉的研究,他指出,婴儿注视视觉刺激时间的长短不同,说明了婴儿对视觉刺激物体具有选择性。这个观点开拓了一个简单并无创伤性的研究方法来研究语前婴儿的认知过程,即通过计算出婴儿对某个物体的注视点次数(或时间)是否多于(或长于)注视其他物体,研究人员随即能够确定婴儿能看见什么和区分什么。

实验设计将婴儿处于无干扰环境中,然后启动一个视觉刺激,婴儿自然会注视那个方向,并对该刺激作出反应。经过反复暴露相同的刺激,婴儿最终就会失去兴趣,视觉注意就将减少,即是习惯化(Bornstein,1985)。这是因为不随意注意行为是婴儿认知的习惯化反应。通常,在视觉习惯化研究范式下,2个月大的婴儿会注视相同的刺激或一系列重复的刺激,直到他们注视的兴趣越来越少。根据习惯,不断呈现一个或一系列新的刺激,如果婴儿没有区别出新刺激与习惯刺激,那么他们看新刺激的时间应该与看习惯刺激的时间相同或更少。然而,如果他们发现了新刺激与习惯之间有差别,婴儿就会重新产生兴趣,体现在注视新刺激的时间增加。如果设计的刺激物测验程序足够缜密,研究者就可以测量出该婴儿敏感度的差异,而这种测试到的敏感差异几乎可以反映婴儿心理认知的本质差异。

(3) 注意逐渐受第二信号系统影响

0—3岁婴幼儿出生伊始,就接受第一信号系统。所谓"第一信号系统类"是现实的具体的刺激,如声、光、电、味等刺激。随着0—3岁婴幼儿的认知逐渐发展,他们开始第二信号系统。所谓"第二信号系统类"是指现实的抽象刺激,即语言文字等符号。第二信号系统是以词语作为条件刺激物而形成的暂时神经联系系统。随着月龄的增长,幼儿会对语词产生注意,当听到某个物品的名称时,他就会去注意那个物品,或者在几个物品中将这个物品拿出来,即幼儿可以将注意力集中到成人用词表达的对象上,他们逐渐对图书、图片、儿歌、故事、电影、电视等产生浓厚的兴趣。

(4) 注意逐渐受表象的直接影响

幼儿一般在18—24个月左右,逐渐产生表象这一心理现象。受表象发生的影响,当眼前事物与其表象出现矛盾或巨大差异时,幼儿对事物注意的时间会更长,并且表现得更专注,比如,当只见过长茄子的幼儿在超市里看到圆圆的紫茄子时,会长时间去看那个不一样的圆茄子。也就是说,表象的出现使幼儿的注意开始直接受表象的影响。

(5) 25个月以后无意注意仍占主导地位

即使是2岁的幼儿,无意注意还是他们的主要注意形式,其具体表现如下:

第一,对周围事物的无意注意。路边的小花、蜗牛、爬行的蚂蚁、沙堆、飞舞的蝴蝶等常见事物,这些都会引起幼儿的无意注意,比如,幼儿在小区散步时,会在走路的时候,走着走着停下来,去看地上的蚂蚁,这是蚂蚁引起了幼儿的无意注意。

第二,对别人谈话的无意注意。2岁左右的幼儿经常会出其不意地接上别人的话茬,甚至有时候还很敏感地感受到谈话的中心内容是自己。比如,当丁丁正在玩玩具时,妈妈跟爸爸在客厅说话,当提到说"丁丁昨天说想要吃火龙果了,一会要去买一些火龙果"时,丁丁会迅速跑到妈妈面前。

第三,对事物变化的无意注意。2岁多的幼儿不仅会注意到周围不变的事物,而且对事物的变化也很敏感,比如,家里养的鸡长大了,花园里的花开了,养的母鸡下蛋了,商店里的广告牌会变换颜色,等等。生活中变化的事物和各种活动的事物会引起幼儿的无意注意,比如,当幼儿在散步时看到花园里的月季开花了,会停下来看花,并高兴地跟妈妈说:"妈妈,看,花长大了。"

### 2. 有意注意的发展

有意注意是自觉的、有预定目的的,必要时还需要付出一定的意志努力的注意。它是人类在劳动中形成和发展起来的,是人们从事实践活动的必要条件。1岁以后,随着幼儿语言的萌芽发展,幼儿的有意注意也开始慢慢形成。

(1) 13—18个月幼儿的有意注意开始萌芽

16个月之后,幼儿视觉注意和听觉注意的集中时间变长,13—18月龄段的幼儿容易记住印象强烈或者带有情感色彩的事物。到了第18个月,幼儿的有意注意持续发展,更多地集中在自己的探索行为和语言的运用上。对于有兴趣的事物,18个月幼儿能集中注意5—8分钟,甚至更多时间,较之前有明显的进步。

(2) 19—24个月幼儿有意注意的时间增加

19—24个月幼儿的有意注意进一步发展,能够集中注意力,去做一件较为复杂的事情,比如,本月龄段的幼儿可以在成人的语言引导下玩积木搭建游戏或者镶嵌板游戏。

该月龄段幼儿在进行某项活动时集中注意时间延长至8—10分钟,如果遇到幼儿感兴趣的事情,他们注意力可以集中更长的时间。

(3) 25—36个月幼儿能有目的、自主地保持一段时间的注意力

25—36个月幼儿有意注意进一步发展,逐渐能按照成人提出的要求完成一些简单的任务。比如,当幼儿听到妈妈说,宝宝看看书上的小狗身上有什么时,宝宝会将视线转移到书

上,并根据成人提示看绘本。30—36个月的幼儿会有目的、自主地保持一段时间的注意力。

如图4-3所示,当成人提示幼儿寻找图画书中的企鹅时,幼儿也能根据提示,集中注意力找到企鹅所在的位置。

#### (三) 注意分配的发展

注意的分配指个体在同一时间内对两种或两种以上的刺激进行注意,或将注意分配到不同活动中的心理现象。

图4-3 幼儿在寻找企鹅的位置①

**1. 19—24个月幼儿注意的分配能力进一步发展**

随着大脑神经系统抑制能力和第二信号系统的发展,幼儿注意的转移能力和分配能力均有较大的发展,例如,他们可以一边听着歌,一边有节奏地晃动身体或者敲打物品,这是幼儿注意分配发展的表现,但是此时注意分配能力还不太成熟。

**2. 25—36个月幼儿的注意转移和分配能力提高**

注意的转移指根据新的任务要求,主动地把注意从一个对象转移到另一个对象上。每一次注意转移的时候,注意的分配也必然发生变化。注意一经转移,原来注意中心的对象便移到注意中心以外,而另外的新对象进入注意中心。每当注意中心的对象转换时,必然出现新的注意分配的情况。注意的转移和注意的分配也是彼此紧密联系的。比如,此阶段的幼儿可以在吃饭的时候,会突然和成人开始交谈,并一边吃饭一边交流。

#### (四) 注意偏好的发展

注意偏好指个体根据自己的兴趣,对某个物体或人注意的时间更长的心理现象。范兹有关幼儿视觉偏好的大量研究数据证明了一个重要结论:婴儿天生对某些特殊刺激有偏好,比如,出生几分钟的婴儿对不同刺激的特定颜色、形状和结构有偏好。他们喜欢曲线胜过直线,喜欢立体图形胜过平面图形,喜欢人脸胜过非人脸图形。② 同时,2—3个月的婴儿更喜欢注视发光的物体和鲜艳的颜色等新异刺激,但注意时间较短。

---

① 图4-3由崔铭恩提供。
② 罗伯特.S·费尔德曼.《儿童发展心理学》[M].苏彦捷等译.北京:机械工业出版社,2019.

## 第三节 记忆的发展

人们通过感知觉所获得的知识经验,在刺激物停止作用之后并没有马上消失,它还保留在人们的头脑中,并在需要时能再现出来,这种积累和保存个体经验的心理过程就叫记忆。记忆是认知心理学研究的重要内容之一,因为没有记忆,就没有幼儿经验的掌握和技能的获得,幼儿早期记忆的发展是幼儿心理发展的重要基础和保证。

本节将对0—3岁婴幼儿记忆的发展进行阐述。

### 一、基本概念

已有研究表明,人类个体在胎儿末期(妊娠8个月左右)就有了听觉记忆,出生后有再认的表现(刘泽伦,1997)。

#### (一) 记忆的概念

记忆是人脑对过去经验的反映。过去经验包括人们感知过的事物、思考过的问题、体验过的情绪以及操作过的动作等,例如,18个月的幼儿会记得自己玩具车放在了哪里,20个月的幼儿会记得吓哭他的狗等。

人脑对经验过事物的识记、保持、再现或再认,它是进行思维、想象等高级心理活动的基础。记忆的基本过程是由识记、保持、回忆和再认三个环节组成的。识记是记忆过程的开端,是对事物的识别和记住,并形成一定印象的过程。保持是对识记内容的一种强化过程,使之能更好地成为人的经验。回忆和再认是对过去经验的两种不同再现形式。

#### (二) 记忆的作用

记忆作为一种基本的心理过程,是和其他心理活动密切相关的。在知觉活动中,人的过去经验具有重要作用,如果没有记忆的参与,人就不能分辨和确认周围事物。在问题解决时,由记忆提供的知识经验,起着极其重要的作用。基于此,近年来,认知心理学把记忆的研究提到了重要的地位。

记忆在个体的心理发展中也有重要的作用。0—3岁婴幼儿要发展的动作技能,如行走、奔跑和各种劳动技能,都必须保存动作的经验。人类要发展言语和思维,也必须保存词和概念。因此,如果没有记忆,没有经验的积累,人类心理的发展也很难进行。另外,婴幼儿行为习惯的养成、能力的获得、品质的培养等,也都以记忆活动为前提。

### (三)记忆的分类

记忆的分类通常依靠两个维度,一是记忆时间,二是记忆内容。

**1. 根据保持的时间,可将记忆分为瞬时记忆、短时记忆和长时记忆**

(1)瞬时记忆。瞬时记忆指客观刺激停止后,它的印象在头脑中只保留一瞬间的记忆,也称为感觉记忆。也就是说,刺激作用停止后,它的影响并不会立刻消失,而是可以形成后像。最为明显的例子是视觉后像。后像可以说是最直接、最原始的记忆。后像只能存在很短的时间,视觉的感觉记忆在1秒以下,听觉的感觉记忆为4—5秒。

(2)短时记忆。短时记忆指信息在头脑中保持的时间为1分钟的记忆。例如,当我们听到一个电话号码后,马上拨出这个号码,一旦放下电话,刚刚拨过的号码就忘了。一般来说,短时记忆的信息容量为7±2个组块。

(3)长时记忆。长时记忆指在头脑中保持的时间为1分钟以上乃至一生的记忆。长时记忆的容量是没有限制的,它储存的信息时间长,可随时提取,与短时记忆相比,受干扰少。

**2. 根据内容的不同,记忆可分为形象记忆、运动记忆、情绪记忆和语词记忆**

(1)形象记忆。形象记忆指以感知过的事物形象为内容的记忆,通常以表象形式存在,所以又称"表象记忆"。形象记忆又可以细分为视觉的、听觉的、触觉的、味觉的和嗅觉的等类型。其显著的特点是直观形象性,所以它也是一种直接对客观事物的形状、大小、体积、颜色、声音、气味、滋味、软硬、温冷等具体形象和外貌的记忆。在日常生活中,凡是直观、形象、有趣、能够引起0—3岁幼儿强烈情绪体验的事物他们会很容易记住,如照护者的面容。当他们情绪不安定时,一看到照护者熟悉的面容,他们便会马上安静下来。

(2)运动记忆。运动记忆是以过去做过的运动或动作为内容的记忆,也是形象记忆的一种特殊形式,它是以操作过的动作所形成的动作表象为前提,一经记住就容易保持、恢复,不易遗忘。运动记忆是以运动熟练和习惯性动作的形式为基础,人们一切运动中的技能技巧,都是由运动记忆所掌握。例如,幼儿一旦形成洗手的动作记忆,就会经久难忘。

(3)情绪记忆。情绪记忆是以体验过的情绪或情感为内容的记忆。情绪记忆具有鲜明、生动、深刻、情境性等特点。情绪记忆往往较其他记忆更为牢固。有时经历的事实已有所遗忘,但激动或沮丧的情绪依然留在记忆中。例如,幼儿对小黑屋的恐惧,或去游乐场时的快乐等情绪体验会留下更深刻的记忆。

(4)语词逻辑记忆。语词逻辑记忆也称抽象记忆,它是以文字、概念、逻辑关系为主要对象的抽象化的记忆类型。例如,"水果"、"交通工具"、"动物"等词语文字,整段整篇的理论性文章,一些学科的定义、公式,等等。1岁以后的幼儿根据成人的语词指出某种物品,乃是由于他们每次在听到成人边说边拿实物,例如,当成人说"杯子",他们会跑过去拿杯子,这表明该幼儿已具备语词记忆能力。

## 二、发展特点和轨迹

0—3岁婴幼儿记忆发展的轨迹是怎样的?每个月龄的婴幼儿记忆发展又有着怎样的特点呢?下面将对0—3岁婴幼儿记忆发展的特点与轨迹进行介绍。

### (一)记忆发展特点

0—3岁婴幼儿记忆的发展主要表现为以下四个特点。

#### 1. 无意识记占优势地位

0—3岁婴幼儿的记忆带有很大的无意性,他们所获得知识很多也都是通过无意识记得的。心理学研究表明,符合婴幼儿兴趣需要的、带有强烈情绪体验的事物,记忆效果较好;多感官参与的,让幼儿动手操作、触摸、听、闻、看的活动,记忆效果好。因此,周围环境中印象鲜明、强烈的事物以及能引起他关注的事物的记忆效果往往更好。

#### 2. 有意识记逐渐发展

1岁以后幼儿的有意识记是在成人的教育下逐渐发生的。成人在日常生活中,经常会向幼儿提出记忆的任务,例如,在家里成人会对孩子说:"宝宝,插座有危险,不能碰,会咬到手的。""宝宝,在商场里要牵着妈妈的手,不要乱跑。"他们就会形成有意识记。

#### 3. 无意识记效果随年龄增长而提高

随着年龄的增长,无意识记忆的效果会逐渐提高。这种效果不仅仅表现在记忆的量上,也表现在记忆的质上,记忆的广度和容量均会有所增加,记忆的范围和时间也会拓展和增长。

#### 4. 记忆内容以动作记忆和形象记忆为主

从记忆的内容来看,0—3岁婴幼儿的记忆内容以动作记忆和形象记忆为主。

### (二)记忆发展的轨迹

下面将从记忆的时长和记忆的内容分月龄段来介绍0—3岁婴幼儿记忆发展的轨迹。

#### 1. 记忆时长的发展变化

0—3岁婴幼儿的记忆时长随月龄增长而增加。

(1) 0—3个月婴儿长时记忆保持时间较短

像成人一样,婴儿也具有短时记忆和长时记忆。比如,新生儿听到妈妈的声音时,会将头转向妈妈的位置。但是0—3个月婴儿长时记忆时间较短,基本上出于本能反应。本月龄段婴儿记忆保持时间较短,2个月大的婴儿几天就忘了自己受过的训练(Rovee-Collier, 1993,1999;Rose et al,2011)。

(2) 4—6个月婴儿长时记忆能力时间有所增长

长时记忆能力在这一时期有了很大的发展,4个月后,婴儿所习得和掌握的技能可以保持数天甚至数周。0—3个月大的婴儿几天就忘记了自己受过的训练,而6个月大的婴儿在3周后仍然记得(Rovee-Collier, 1993,1999;Rose et al,2011)。

(3) 7—12个月婴儿长时记忆所能保持的时间逐渐延长

这个月龄段的婴儿可以记住离别了一星期左右的3—4个熟人。婴儿已经能够认出熟悉的事物,如自己的奶瓶和喜欢的玩具。婴儿也能够认识一些图片上的物品,例如,他可以从一大堆图片中找出他熟悉的几张。具体表现在以下三个方面。

① 出现认生现象

认生现象指伴随着婴儿大动作能力、视觉能力和记忆力的发展,半岁左右婴儿见到陌生人、进入陌生环境出现哭闹不安等行为的现象即为认生现象。

7个月之后的婴儿开始对大部分的陌生人表现出格外的"小心谨慎",这既是其社会情感的发展,也是婴儿长时记忆能力扩展的结果,表明他已经能够记得熟悉的人了。

婴儿记忆能力的增强还表现在其搜寻物体能力的增强,本月龄段婴儿搜寻物体的能力受到他们对物体隐藏地点的记忆情况和物体隐藏地点数量的影响(Cummings, 1981)。

② 知道常用物品摆放的位置及其基本功用

本月龄段的婴儿已经能够记住常用物品的功能和基本功用,比如,当他饿了就会看奶瓶。

如图4-4所示,感觉到饥饿的婴儿会抱着奶瓶哭泣,说明婴儿已经知道奶瓶是喝奶的物品;而当他想出去玩的时候,他就会指着妈妈每次带他出去都会带的包等。

③ 能在看到物体藏的位置后找到该物体

婴儿已经能够找到成人当面藏起来的物品了。成人当着婴儿的面将某一物品藏于一个地方,他会到这个地方去寻找,说明婴儿已经能够记住东西被藏起来的位置。

(4) 13—18个月的婴幼儿具有初步的回忆能力

再认是指对曾经感知过的事物再次感知的时候,觉得很熟悉,知道它是从前感知过的,和再现一样,再认也是记忆的一种表现。再认一直被实验心理学家用来测验人类记忆的效

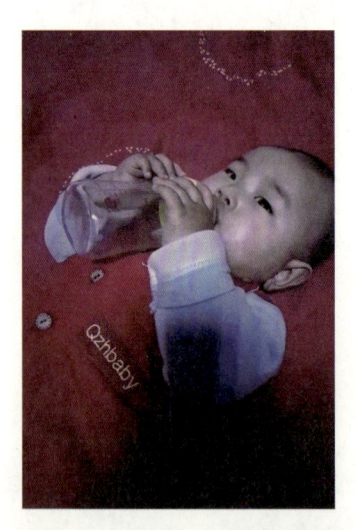

图4-4 婴儿饿了之后抱着奶瓶①

———————
① 图片由刘帆提供。

果。13—18个月的幼儿再认的保持时间为几天或十几天。

他们具有初步的回忆能力,主要表现在以下两个方面:一方面表现在他们喜欢藏东西、躲猫猫(见图4-5),也喜欢帮成人找东西;另一方面表现在延迟模仿的出现。

延迟模仿指模仿对象在眼前时,幼儿不是立即对其进行模仿,而是等模仿对象不在眼前时,再去模仿该动作。延迟模仿的出现是幼儿回忆能力逐渐走向成熟的表现。1岁前的婴儿已经可以模仿别人的动作,但这种模仿是直接模仿,要求模仿对象必须在眼前。从本月龄段开始,幼儿开始出现延迟模仿行为,并在两岁左右趋于稳定。

图4-5 15个月幼儿在玩"躲猫猫"游戏①

(5) 19—24个月幼儿记忆内容保持时间延长

再现就是把先前储存在大脑里的影像和语词等原封不动地提取的过程。21个月末的幼儿就可以成功地再现他们8个月以前学习的由3个动作构成的系列。在麦克唐诺(McDonough)和曼德勒(Mandler)的一项研究中,23个月的幼儿能够再现他们在一年前(即他们出生11个月时)看到过的榜样的某些单个动作②。

(6) 25—36个月幼儿记忆再认和再现能力进一步发展

大约在幼儿2岁的时候,幼儿的再现跟语词联系更紧密了,他们凭借词语来恢复过去曾见过或经历过的物品或事情的印象。约在3岁时,幼儿可以重现几周前看见的事物或学过的动作;3岁以后,幼儿已能再认相隔几十天或几个月的事物了。比如,幼儿会记得三个月之前在家里住过的姑姑,如图4-6所示是幼儿拥抱好久没见的姑姑的情景。

图4-6 幼儿拥抱好久没见的姑姑的情景③

2. 记忆内容的发展变化

0—3岁婴幼儿的记忆内容也在发生着变化,从最开始的以运动记忆为主,到逐渐增加形象记忆和语词记忆。

(1) 0—6个月婴儿以运动记忆为主

0—6个月婴儿的心理发展主要体现在感知觉和动作发

---

① 图片来源:图片创意(stock. tuchong.com).
② 周念丽.0—3岁儿童多元智能评估与培养[M].上海:华东师范大学出版社,2010.
③ 图4-6由崔铭恩提供。

第四章 0—3岁婴幼儿认知发展的基础知识 **93**

展,因而感觉和运动记忆是本月龄段的主要记忆内容。感觉记忆又被称为瞬间记忆,前面已有介绍,在此不再赘述。"运动记忆"是培养0—3岁婴幼儿各种技能的基础,是最初发展起来的记忆类型。比如,2个月大的婴儿已经能记住踢腿和移动物体之间存在联系。

(2) 7—9个月婴儿出现模仿动作

该时期婴儿最大的外在变化是模仿动作的出现。本月龄段婴儿不仅会主动地模仿声音,而且也会模仿动作,模仿的过程是记住并再现某一动作或语音,因此模仿行为的出现表明了婴儿记忆的发展。

(3) 10—12个月婴儿的记忆仍以形象直观为主

10—12个月婴儿的记忆内容仍然以动作、情绪等直观形象记忆为主。他们能记住的往往是那些外部特征突出的事物,带有情绪色彩的事情、动作或者是相关动作的顺序。比如,在哈茨霍德(Hartshornd)等人的研究中,让12个月婴儿学会按着一个操纵杆来使玩具火车沿着轨道移动时,训练后的13周他们仍然记得如何按操纵杆。

(4) 13—18个月幼儿出现语词记忆

幼儿1岁时刚出现的延迟模仿能力,到18个月左右趋于稳定。他们延迟模仿出现的频率开始增加,模仿的内容除了行为之外还包括语言。

(5) 19—24个月幼儿出现形象记忆,且语词记忆逐渐增多

随着幼儿月龄增长,幼儿的记忆内容也更加丰富,具体表现为以下两个方面。

① 语词记忆逐渐增多

此阶段的幼儿语言表达能力发展迅速,能够说一些简单的句子,也能够用语言来表达自己所经历的事物,比如,从动物园回来后,当家长询问"在动物园里都看到了什么呀?"幼儿可以简单回答"老虎",并且可以在家长的提示或继续询问下,表现出更多的语词记忆。

② 形象记忆能力增强

随着幼儿认知能力的发展,伴随着表象的发生使形象记忆出现。该月龄段的幼儿参观动物园后会记住猴子、大象、老虎等动物的形象,当妈妈提到小狗时,幼儿会说家中的小狗是白色的,会汪汪叫。

(6) 25—36个月幼儿使用的记忆策略增多

本月龄段幼儿的记忆已开始尝试使用各种记忆策略,包括不断地注视目标刺激的视觉复述策略、不断重复需要记忆的内容的特征复述策略。例如,成人当着幼儿的面将小狗玩具藏在桌子上的某个杯子里,并要求幼儿记住这个杯子,幼儿会高兴地注视着杯子,对着它点头或者说一些能表明玩具藏在这里的话,有的幼儿甚至会把杯子移到突出的位置来帮助自己记忆。

## 第四节 思维的发展

思维是人类所具有的高级认识活动。按照信息加工理论的观点,思维是对新输入信息与脑内储存知识经验进行一系列复杂的心智操作过程。

### 一、基本概念

基本概念将主要聚焦两大问题:思维的定义和分类。

#### (一)思维的定义

思维是人脑对客观事物间接的、概括的反映。它是借助言语、表象或动作来实现的,能揭示事物本质特征及其内部规律的认识过程。

思维的基本活动有三对:分析与综合、比较与分类、抽象与概括。0—3岁婴幼儿的思维发展尚处于"分析与综合"以及"抽象和概括"刚萌芽阶段,因此在这里只对"比较与分类"略作解释。

"比较"是在头脑中确定对象之间差异点和共同点的思维过程。比较是分类的基础。比较在认识客观事物中具有重要的意义。当3岁的幼儿具备初步比较能力时,他们会挑选个头更大的水果,会挑选更长的巧克力棒。

"分类"是通过比较确认事物的主要和次要特征,共同点和不同点,进而把事物分门别类的过程。3岁左右的幼儿能够根据对象的共同点和差异点,把它们区分为不同的类别,他们可以区别飞鸟和飞机,也能根据颜色,把红、黄、绿三种甜椒进行分类。

#### (二)思维的分类

根据思维过程中的凭借物的不同,可分为直觉行动思维、形象思维和逻辑思维。由于3岁前幼儿的思维以直觉行动思维为主,因此下面将对与0—3岁婴幼儿思维发展有密切关联的直觉行动思维进行具体分析,形象思维和逻辑思维仅作简单介绍。

##### 1. 直觉行动思维

直觉行动思维,又称直观行动思维,指个体通过自身的动作或对物体的感知而进行的一种思维活动,受其身心发展所限,2—3岁幼儿的思维大都依据动作及其触觉来进行,所以直觉行动思维在他们身上表现最为突出。2—3岁幼儿常用的是手和眼的协调思维及手脑并用的思维。例如,身旁如果有个布娃娃,他们就拿起来做喂布娃娃的游戏,而布娃娃一旦被拿走,游戏也就停止了。这就表明,幼儿还不能离开物体和行动来抽象地进行逻辑思考和计划。

#### 2. 形象思维

形象思维是个体利用物体在头脑中的具体形象和表象来解决问题的思维。例如,3岁的幼儿看到妈妈生气的脸,就会跑过去安慰妈妈,这是他们运用形象思维后产生的行为。

#### 3. 逻辑思维

逻辑思维是以概念、判断和推理等形式进行的思维。例如,当我们思考冬天天气为什么会变冷,为什么每天都有白天和黑夜等问题时都需要运用抽象思维。2—3岁幼儿也有基本的逻辑思维能力,例如,每次看到妈妈拎包就出门,所以只要看到妈妈拎包,他们就会奔过去要跟妈妈一起出去。

## 二、表象与思维

人们在思维过程中,经常伴有感性的直观形象,也称作表象,表象是思维活动的基础,它有助于思维活动的顺利进行。

### (一) 表象的定义

表象(Image)指人在头脑中出现的关于事物的形象或者像图画一样的心理表征。从表象产生的主要感觉通道来划分,表象可分为视觉表象(例如,想起母亲的笑脸)、听觉表象(例如,想起某歌曲的旋律)、运动表象(例如,想起舞蹈的动作)等。根据表象创造程度的不同,表象可分为记忆表象和想象表象。记忆表象是在记忆中保持的客观事物的形象,例如,想起朋友的音容笑貌。想象表象是在头脑中对记忆形象进行加工改组后形成的新形象,这些形象可能我们从未见过,或者世界上还不存在,因而具有新颖性。

### (二) 表象在思维中的作用

表象在思维的发展中起着非常重要的作用,具体表现为以下两个方面:

#### 1. 表象为概念的形成提供了感性基础

表象是认知过程的一个重要环节,它既有直观性,又有概括性。从直观性来看,它接近于知觉;从概括性来看,它接近于思维。表象离开了具体的事物,摆脱了感知觉的局限性,因而为概念的形成奠定了感性的基础。例如,对"动物"这个概念,婴幼儿常常用猫、狗、鸡、鸭等具体形象来说明。有了表象作支持,婴幼儿更容易形成抽象的概念。

#### 2. 表象促进问题的解决

表象在问题解决中的作用早已为人们所认识。2—3岁幼儿在进行娃娃家等游戏时,需要有表象的参与。比如,在玩骑马游戏时,没有真实的小马,他们需要把手里的木棒想象成小马,并做出骑马的动作。

### 三、发展轨迹

0—3岁婴幼儿思维发展的内容主要包括对环境的适应和探索、对客体的理解以及心理表征能力三个方面。下面将分述0—3岁婴幼儿在这三个方面循序渐进的发展轨迹。

#### (一) 前思维:环境的适应和探索

婴儿从呱呱坠地开始,就开始了对环境的适应,伴随着日长夜大的发展速度,他们逐渐从被动适应到主动探索,这个阶段处于前思维阶段,即适应和探索行为还不是思维的结果。

##### 1. 0—3个月婴儿原始反射的适应

新生儿应对各种刺激的方式是原始反射,如吸吮、抓握等。这一时期的新生儿会紧紧抓握任何靠近手心的物体;吸吮放在嘴边的手指、玩具、奶嘴等物品。大约到了1个月时,婴儿进入了初级循环反应阶段,一些反射行为会因为经验而被修正,婴儿开始重复一些令人愉快的动作,其活动的重点是自己的身体。开始体验与吮吸相联系的快感,这时吮吸不再只是一种反射,这一阶段婴儿开始根据需要改变自己的行为。比如,他们对奶嘴张开嘴巴的程度与勺子有所不同。

##### 2. 4—8个月婴儿产生主动探索行为

根据皮亚杰的观点,4—8个月的婴儿开始对外界物体产生兴趣,他们偶然发现,除了自己的身体外,还能用物体做一些有趣的事情,比如,挤压一只小鸭子让它发出嘎嘎的声音。由于这些动作能给婴儿带来欢乐,所以被不断重复。

##### 3. 8—10个月出现真正有计划的反应

真正有计划的反应出现在8—12个月婴儿。这时婴儿为了达到简单目的,出现了有准备的、有目的的行为,活动的手段和目的开始有了分界。比如,成人把手挡在玩具的前面,婴儿就会把手拿开,以便能拿到玩具。在这一活动过程中,婴儿把成人的手挪开是手段,拿到玩具是目的。

#### (二) 思维的萌芽:客体的理解

对身边环境中物体的认识和理解,是思维萌芽的标志。

##### 1. 10—12个月婴儿利用工具进行"试误探索"

当学会爬行之后,10—12个月婴儿的活动空间和场地随之拓宽,婴儿能够根据自己的意志爬到看见玩具摆放的地方了,当有障碍使婴儿不能够到玩具时,他们会通过爬行绕过障碍或利用工具来尝试解决,比如,婴儿发现通过拉动床单可以把床单上的玩具拉近之后,当再碰到类似的情况时,婴儿会尝试着利用拉动床单、绳子等工具来取得物品。但由于思维刚处于萌芽水平,过程中他们需要反复多次的"试行错误"操作后,才可能真正解决问题。所谓"试误探索"指婴幼儿在探索活动中,不断尝试又不断失败的过程,但正是借助这样的无数次尝试错误,婴幼儿最终才可以获得对外界的正确认知。

### 2. 12—18个月探究式"试误探索",获得客体永存概念

12—18个月幼儿能够有意识地调整自己的行动,获得问题解决的策略。比如,当成人把一个玩具放在幼儿拿不到的毯子上时,幼儿先会试图用手直接取得玩具,在获取失败后,他们会根据以往偶尔会抓住毯子的一角从而拖动毯子可以取得玩具的经验,故意去拉毯子来拿取玩具。他们还试图创造新的问题解决办法或再现有趣的结果。比如,他们会不厌其烦地摇晃各种东西,看看能够发出什么样的声音？他们还会把东西往下扔,看看会发生什么事？这些都是有目的的行为,可以看作探究式"试误探索"。

13个月以后的幼儿获得"客体永存性"概念,即当物体不在眼前或通过其他感官不能察觉时仍然知道物体是存在的。

如图4-7所示,当物品或玩具在1岁幼儿视线中消失时,他不再认为这个物品消失了,而是意识到玩具可能到了别的地方,这一概念的建立是幼儿思维发展的里程碑。

图4-7 已获得客体永存性概念的1岁幼儿[①]

### 3. 19—24月龄幼儿能够依据已有经验解决问题

随着思维的萌芽发展,该月龄段幼儿的问题解决能力也得以提升。幼儿在之前可能需

---

① 图片来源:mp.weixin.qq.com。

要通过多次尝试才可以把一个瓶盖放在适合的瓶子上,而在此阶段,幼儿解决此类问题的能力得到提升。

如图4-8所示,2岁幼儿不再需要去"试误"操作每一个镶嵌板,而是通过之前的多次操作经验,拿起相应形状的物体直接放到镶嵌板对应的空缺处。

图4-8 2岁幼儿正在进行镶嵌游戏①

### (三)思维的产生:心理表征发展

"心理表征"指信息或知识在心理活动中的表现和记载的方式。1岁以后的幼儿获得初步心理表征的能力。

#### 1. 13—18个月的幼儿具有初步的分类能力

13—18个月幼儿开始出现初步的分类能力,这是心理表征的内容之一。

13个月之后的幼儿在游戏中,是给物体进行分类的积极分子,这表现在他们开始有区别地对待物品。例如,14个月的幼儿看过一个实验者用杯子给玩具小兔喝水后,虽然同时给他呈现小兔和摩托车,他们通常会给小兔喝水。当实验者示范给摩托车喝水这一行为后,幼儿仍然坚持选择给小兔喝水(Mcponough,1998)。他们的行为表明:某类行为只能适合某些物体的类别或者动物,而不是其他物体。幼儿游戏发展的特点也可以证实这一点,即13个月之后的幼儿开始有区别地对待他们遇到的玩具或者物品。

#### 2. 19—24月龄幼儿心理表征逐渐清晰

19个月以后的幼儿对事物的心理表征逐渐清晰,具体表现为"装扮游戏"的发生。例如,他们可以把"一个贝壳"当作杯子假装喝水;可以把一个小椅子当作"汽车"来开。

---

① 图片来源:视觉中国。

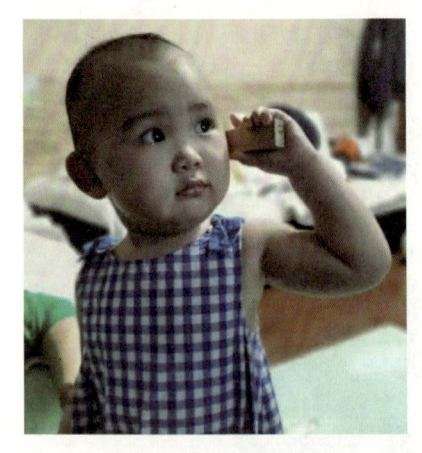

图 4-9 20 个月的幼儿用长方形积木"打电话"①

如图 4-9 所示,20 个月的幼儿已经可以用长方形积木代替手持电话。这些现象说明,幼儿开始在思维中对一些具体事物进行"符号"表征,并延伸到类似的情境和事物上。

### 3. 25—36 月龄幼儿能依据外部特征进行分类

2 岁以后的幼儿处于分类能力发展的第一阶段,在分类时主要是依据事物明显的外部特征,如颜色、形状等,而较少考虑事物之间的关联性或相似性。

图 4-10 显示,幼儿在对物体进行分类时会根据色彩把同样颜色的玩具放在一起。

图 4-10 30 个月的幼儿把黄色的小鱼玩具挑出来放在一起

## 本章小结

### 一、核心概念

**认知**是大脑反映客观事物的特性与联系并揭示事物对人的意义与作用的复杂心理活动。婴幼儿认知发展是指其在注意、记忆和思维等认知活动的发生和变化的过程。

**注意**是心理活动对一定对象的指向和集中,是伴随着感知觉、记忆、思维等心理过程的心理特征。注意有两个基本特征:指向性和集中性。

**记忆**是人们通过感知觉所获得的知识经验,在刺激物停止作用之后,并没有马上消失,

---

① 图片由乔娜提供。

它还保留在人们的头脑中,并在需要时能再现出来的心理过程。

**思维**是个体运用头脑中已有的知识和经验去间接、概括地认识事物,揭露事物的本质及其内在的联系和规律,形成对事物的概念,进行推理和判断的过程。

### 二、相关经典理论

1. 皮亚杰的认知发展理论

随着大脑的发展和婴幼儿经验的增加,个体发展经过了四个主要的阶段,每个阶段均以不同的思维方式为特色。0—2岁为感觉运动期,2—7岁是前运算阶段,认知发展以婴幼儿运用感知和运动来探索世界为开端,这些行为模式在前运算阶段发展为婴幼儿符号化的、不合逻辑的思维。

2. 维果茨基的社会文化理论

社会互动是儿童获得思考和行为方式所必需的,当成人和更有经验的同伴帮助儿童掌握具有文化意义的活动时,他们与儿童之间的交流就会成为儿童思考的一部分。

### 三、认知的发展价值

认知发展的价值在于它是人在世界得以生存、人与自然和谐相处的重要基础及先决条件之一。因为认知涉及个体对外部世界的关系和规律的探索过程,并随着个体的成长而变化,因此,个体成长的每个阶段上都有对外部世界探索和认识的不同特点,即量变与质变。

### 四、0—3岁婴幼儿认知发展的主要轨迹

1. 认知发展由我及彼。婴幼儿的认知发展表现出从"以自我为中心"到"去自我中心"的发展趋势。

2. 认知发展由表及里。婴幼儿最初只能认识事物的表面现象,随着年龄的增长,才会逐渐认识到事物的内在本质属性。

3. 认知发展由偏到全。0—3岁婴幼儿在对某一事物或现象进行感知时,会出现只看到事物局部属性而忽略整体属性,或只看到事物整体属性而忽略局部属性,从而导致部分与整体属性的感知割裂的情况。

4. 认知发展由低到高。0—3岁婴幼儿对分类概念的习得是从最初简单的认识到比较完全的认识,从朴素的认知到比较科学的认知,由浅入深。

---

> 巩固与练习

一、简答题

1. 简述0—3岁婴幼儿注意发展的轨迹。

2. 简析0—3岁婴幼儿记忆发展的特点。

3. 简论0—3岁婴幼儿思维中的作用。

二、案例分析

### 为什么宝宝不去寻找完全被遮住的玩具呢？

嘟嘟8个多月大的时候，学会了"躲猫猫"的游戏，当家人和他一起玩躲猫猫游戏的时候，大人当着他的面用一块不透明的毛巾把玩具全部盖住的时候，他会掉转头不看这个玩具了，但是当家长只是用毛巾盖住了玩具一部分的时候，他会伸手将毛巾拉开把遮住的玩具找出来了。

思考：为什么嘟嘟不去寻找完全被遮住的玩具呢？

第五章

# 0—3岁婴幼儿言语发展的基础知识

## 学习目标

- 理解0—3岁婴幼儿前言语与言语发展的核心概念。
- 掌握0—3岁婴幼儿言语的发展轨迹。

### 本章重点

- 0—3岁婴幼儿言语发展的概念和种类。
- 0—3岁婴幼儿言语发展的阶段和特征。

### 学习内容

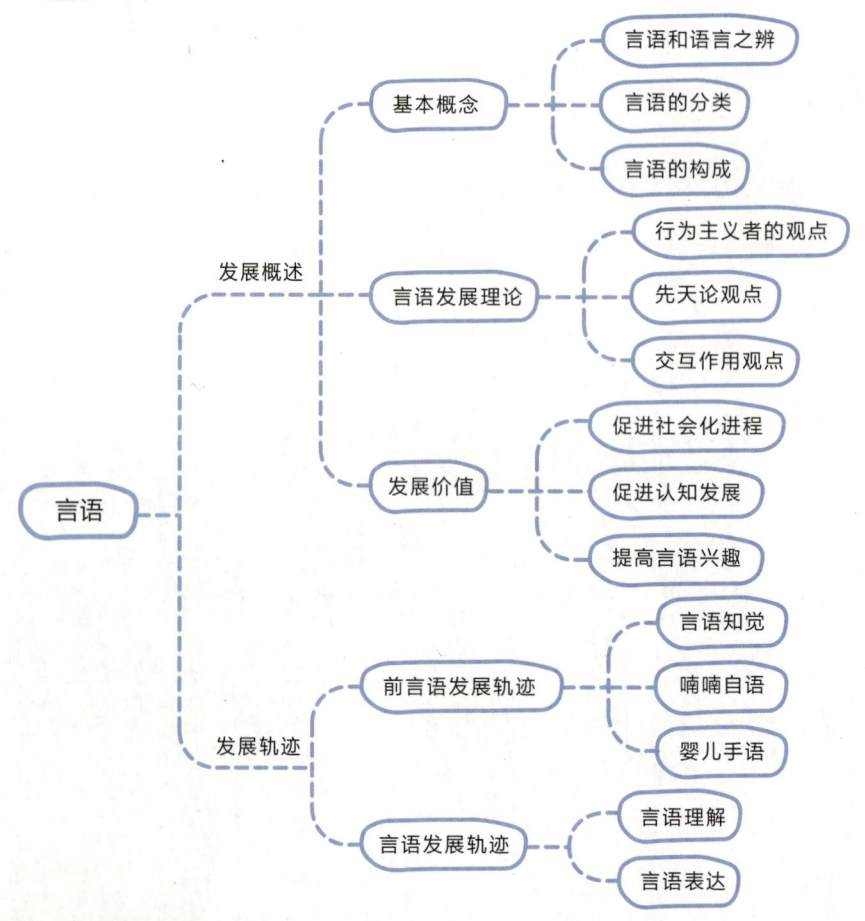

- 言语
  - 发展概述
    - 基本概念
      - 言语和语言之辨
      - 言语的分类
      - 言语的构成
    - 言语发展理论
      - 行为主义者的观点
      - 先天论观点
      - 交互作用观点
    - 发展价值
      - 促进社会化进程
      - 促进认知发展
      - 提高言语兴趣
  - 发展轨迹
    - 前言语发展轨迹
      - 言语知觉
      - 喃喃自语
      - 婴儿手语
    - 言语发展轨迹
      - 言语理解
      - 言语表达

> **小·案例**
>
> 丁丁21个月了,他很喜欢指着不认识的东西问妈妈:"这是什么?""那是什么?"他也可以说出一些由两个单词组成的句子来,如"妈妈要"、"橘子剥"等,并且开始学会用语言拒绝成人的要求,喜欢说"不睡"、"不吃"。
>
> ☞ **聚焦思考**
>
> A:丁丁为什么喜欢问妈妈"什么"?
>
> B:丁丁为什么喜欢用两个单词组成的句子?
>
> ☞ **小小分析**
>
> A:丁丁为什么喜欢问妈妈"什么"?
>
> 21个月幼儿喜欢提问,实质上他是在提问的过程中学习语言,这个时期是幼儿言语发展的第一个关键期。他们在问问题的过程中,不断地汲取语言信息,充实自己的词汇量,由此达到词汇量的突飞猛涨。
>
> B:丁丁为什么喜欢用两个单词组成的句子?
>
> 婴幼儿用由两个单词组成的句子,说明其进入了双词句阶段,这是其由单词句到完整句发展过程中的必经阶段。集中的无意义发音现象已经消失,此时的发音已与发出的词和句子整合在一起。

# 第一节 发 展 概 述

当每一个生命在呱呱坠地之后,就进入一个特殊准备阶段:对人类的言语产生知觉,进而理解,最后能流畅表达。这样的言语发展是一个连续的、有规律的发展过程,是一个不断由量变到质变的过程。言语发展对婴幼儿的认知和社会性发展具有重要意义。

言语的发展主要包括前言语阶段和言语发展阶段,其中前言语阶段主要聚焦婴儿语音知觉、喃喃自语与婴儿手语三方面的发展;言语发展阶段主要聚焦言语理解、言语表达两个方面。本章将对0—3岁婴幼儿言语发展的意义和总体特点以及各个月龄段婴幼儿的言语发展轨迹进行介绍。

## 一、基本概念

关于语言本质的讨论最早可以追溯至荀子的《正名篇》,他认为语言是一种特殊的社会现象。古往今来,众多学者对语言、言语及相关概念进行了反复的讨论,产生了众多认识。在了解婴幼儿言语发展之前,需了解关联的核心概念。

### (一) 言语和语言之辨

言语和语言是两个彼此不同而又紧密联系的概念。言语指人运用语言材料和语言规则所进行的交际活动的过程,也就是人们说出的话和听到的话,又叫"话语"。言语是个体在不断掌握、运用和理解语言的过程中发生的心理现象。语言是人类社会中客观存在的现象,是一种社会上约定俗成的符号系统。语音、手势、表情是语言在人类肢体上的体现,文字符号是语言的显像符号。语言以其物质化的语音或字形而能被人所感知,它的词汇标示着一定的事物,它的语法规则反映着人类思维的逻辑规律,因此它是作为人类最重要的交际工具而产生和存在的。言语与语言既有区别又有联系,作为心理现象的言语不能离开语言而独立进行。婴幼儿只有在一定的语言环境中才能学会并进行言语;另外,语言也只有在人们的言语交际活动中才能发挥它的作用,并不断地得到丰富和发展。

### (二) 言语的分类

言语根据表现形式可以分为外部言语与内部言语。

#### 1. 外部言语

外部言语是进行交际的言语,可以分为口头言语和书面语言。口头言语指以听、说为主的言语,又分为对话言语和独白言语。对话言语是在两个或更多的人之间进行,大家都积极参加的一种言语活动,如聊天、座谈、讨论等。独白言语是一个人在较长的时间内独自进行的言语活动。

#### 2. 内部言语

内部言语是只为语言使用者所意识到的内隐的言语,也叫作不出声的言语。它是人们进行思维活动时凭借的主要工具,通常以简缩的形式进行。内部言语的特点是隐蔽发音,默默无声,比较简约、压缩,主要执行自觉分析、综合和自我调节的功能。

小贴士

### 自我中心言语

儿童母语和思维的习得过程中有一个特殊的自己与自己说话的现象,皮亚杰称之为"自我中心言语",维果茨基称之为"出声的自言自语"。这种言语形式的特点是语法结构与成人的简单语法相似,但多以单一事项为主,不以提供信息、提出问题或交往为目的,常常忽略他人的反映和意见。儿童3—5岁时是自我中心言语的高发期,特点为大声而完整。但随着年龄的增长,渐渐演变为压缩的低声细语,到了7—8岁时,自我中心言语才逐渐消失。

出声的自言自语是外部言语向内部言语转化的过渡形式,是外部言语在内化过程中的体现,是形成内部言语和语言思维的必经阶段。[①]

### (三)言语的构成

言语由语音、语义(包含词汇与语法)、语用构成。语音,即语言的声音,是语言符号系统的物质外壳或载体,是人的发音器官发出的具有一定社会意义的声音。语音与其他声音的区别在于由人的发音器官发出,不同的声音代表了不同的意义。由于语音代表一定的意义,它是人们交际的基础,具有社会性。语义,即语言的内在含义,由词汇和语法(词法和句法)共同实现它的功能。不同的词汇表达不同的含义,词汇根据一定的语法规则构成语句,表达语言的意义。语用,即根据语境流畅表达与适当沟通的规则系统。语境,包括了交际的场合(如时间、地点等)、交际的性质(如话题)、交际的参与者(相互间的关系、对客观世界的认识和信念、过去的经验、当时的情绪等)以及上下文。

## 二、言语发展的理论

婴儿出生时只能用哭声来表达自己的需要,然而短短1—2年后,他们就已经能够用一定数量的词汇与成年人进行简短、日常的对话了。婴儿的言语发展如此迅速,不禁让我们思考言语形成的内部机制究竟是什么?人类个体又是如何形成言语能力的?以下这几种理论尝试对此问题进行了解释。

### (一)行为主义者的观点

言语发展的学习理论主要基于行为主义学习理论,尤其是操作性条件反射和模仿学习理论。这种理论有时也被称为环境理论,它认为语言只是一项学习行为,具体的语言训练会

---

[①] 孙田.外语学习理论与方法教程[M].芜湖:安徽师范大学出版社,2017:155.

对语言能力的发展起到重要作用。

### 1. 理论概述

行为主义理论认为，操作性条件反射尤其是其中的塑造过程（有选择地加强某种行为，同时忽略或者惩罚其他行为），解释了婴幼儿的言语能力是如何发展起来的。比如，当孩子开始学习发声时，周围人倾向于强化与实际存在的词语相类似的发音（比如，"吧吧"与"爸爸"发音类似），忽略不像的发音（如"嘎嘎"）。因此，孩子倾向于重复那些与实际存在的词语相似的发音，而那些不相似的发音会逐渐消失。

模仿与示范也很重要。在父母和周围其他人有选择地强化与现实存在的词语和短语相近的发音时，他们也会为孩子提供更高级的语言示范。其中一种方式就是他们会重复自己认为孩子想要说的词。比如，当一个婴儿看着妈妈发出"么"的声音，妈妈可能就会回应"妈妈，没错，我是妈妈"。这类互动为婴幼儿说更加复杂的词语和短语作出了示范。

### 2. 理论启发

行为主义的语言习得理论给我们的最大启发就是成人要有良好的言语表述习惯，包括吐字清晰和用词准确。因为0—3岁婴幼儿的语言习得很大程度是模仿成人而来。其次，周围的成人要及时回应。行为主义理论揭示了如果有口头言语能力的幼儿，当他们用稚嫩的声音发出有意义的语词时，成人如果积极回应，他们就更愿意说话。所以周围成人要以积极态度回应，促进1—3岁幼儿的口头言语发展。

## （二）先天论观点

这里将分别从理论概述和理论启发两个方面进行介绍和阐述。

### 1. 理论概述

美国著名的语言学家诺姆·乔姆斯基等认为语言是人类内在的能力，人类天生就有一种语言获得装置（language acquisition device，LAD），通过外部环境中的语言输入而引发其功能，婴幼儿就能在很短的时间内获得大量单词和复杂的语法结构。正如人类天生就有特殊的器官，比如，心脏和肺来完成血液循环和呼吸的工作一样，大脑也有一种特殊的"语言器官"来完成习得语言的工作。

### 2. 理论启发

乔姆斯基的理论给我们揭示了0—3岁婴幼儿言语获得的共同内在规律，根据该理论，我们可知0—3岁婴幼儿将接受的基本言语信息转化为内化的语法，他们能在出生后两三年内获得语言，且各国儿童获得语言的顺序基本一致，即单词句→双词句→简单句→复杂句。这就给我们研究0—3岁婴幼儿言语获得的发展规律提供了重要抓手。

### (三)交互作用观点

这里也将分别从理论概述和理论启发两个方面进行介绍和阐述。

#### 1. 理论概述

关于言语发展的最新观点强调内在能力和环境影响之间的交互作用。其中一种交互作用论把信息加工说运用到语言发展中,强调认知对语言发展的影响。另一种交互作用理论强调社会互动对语言习得的作用。

婴幼儿的语言是在先天和后天因素的相互作用中发展起来的。如果婴儿一出生就和世人隔绝,得不到语言交流的机会,语言发展必然受到阻碍,同时言语能力的产生离不开语言环境。

#### 2. 理论启发

交互作用理论给我们的启发是:需充分重视 0—3 岁婴幼儿的言语发展环境之创设,在丰富的言语环境里,例如,经常跟 0—3 岁婴幼儿说话,等婴儿长到 7 个月以后,家长能每天坚持给他们阅读绘本等,都将有助于 0—3 岁婴幼儿更好、更快地得到言语的发展。

## 三、发展价值

言语发展在 0—3 岁婴幼儿心理发展中起到促进认知、社会化发展的作用。

### (一)促进社会化进程

言语教育的基本任务虽然是促进婴幼儿言语能力的发展,但言语的获得也被视为婴幼儿社会化发展历程中的重要因素。婴幼儿获得言语能力之后,就能与周围人进行口头交流,这种交流有助于婴幼儿逐渐克服自我中心,使他们能够主动地适应他人。在此基础上,他们还会逐渐用言语这一思考工具提升自我调节能力,使自己的情感、态度、习惯和行为等与社会规范逐渐接近并相吻合。如"未经允许不能随便拿别人的东西""自己能做的事情自己做""得到别人的帮助要说声'谢谢'"等,都是社会对婴幼儿的行为要求。先是成人用言语对婴幼儿进行他律,之后婴幼儿就可以用语言进行自律,形成一定的、较稳固的行为习惯。婴幼儿语言和社会化行为的发展,也使得婴幼儿社会交往的精神需要得到一定的满足。

### (二)促进认知发展

言语加工与其他认知加工有许多相似之处。加工语言能使认知能力得到训练与提高,语言通过语词、概念向婴幼儿传递间接经验,有助于扩大婴幼儿的眼界,提高思维和想象能力,也有助于婴幼儿学习能力的发展。

在语言输出的加工过程中,婴幼儿要把话语表达得正确、清楚、完整和连贯,也需要有感知、记忆、思维、想象过程的积极参与。随着婴幼儿语言水平的不断提高,语言和认知能力的结合也渐趋密切。我国心理学家朱智贤教授认为:婴幼儿言语连贯性的发展是婴幼儿言语能力和逻辑思维能力发展的重要环节。

### (三) 提高言语兴趣

随着言语的不断丰富,交际能力的不断提高,1岁以后的幼儿学习和运用语言的兴趣也越来越大。听和说的兴趣都依赖于言语听说能力的提高,而他们一旦产生学习言语的兴趣,就会主动寻找学习机会,学习更多的语言符号,尝试更新的言语技巧,言语潜能得到尽情发挥。这种兴趣不仅对幼儿当前的言语学习活动有积极影响,而且可能影响到他们入学乃至成年后学习和运用语言的兴趣。例如,国内外许多作家小时候经常听大人讲故事、读书,正是这些经验才使他们对文学作品和写作活动产生了浓厚兴趣,并最终走上文学创作的道路。

## 第二节 发展轨迹

以婴幼儿说出第一个有意义的单词为分水岭,0—3岁婴幼儿心理发展的言语发展可分为前言语阶段与言语发展阶段。在前言语发展阶段,本文将主要聚焦婴儿的言语知觉、喃喃自语与婴儿手语这三大显著特征;在言语发展阶段,则主要聚焦言语理解和言语表达两个方面。

### 一、前言语发展轨迹

生命最初的13个月的婴幼儿大都处于言语发展的前言语阶段,这是婴幼儿说出第一个有意义的单词之前的一个时期。虽然婴幼儿尚未学会说话,但从出生第一天起,他们就已经对语言迅速作出反应。

#### (一) 言语知觉

所谓的言语知觉,主要指个体对口头言语的语音知觉,也指人们在交往中通过对言语的感知而获得信息的过程。言语知觉通常有三个阶段:听觉阶段、语音阶段和音位阶段。听觉阶段指听觉器官接收声学信号,并对其进行初步的分析阶段;语音阶段指把一些声学特征结合起来,以辨认语音并确定各个音的次序阶段。音位阶段是指把各个音转化为音素,并运用语音规则认识这些连续音的意义阶段。

### 1. 0—6个月婴幼儿从听觉向语音阶段转变

0—3个月婴儿处在言语知觉的听觉阶段,对人声较敏感。1个月大的婴儿能够辨认辅音,2个月大的婴儿甚至可以识别出不同人用不同强度说出的发音中所蕴含的情绪,例如,听到愤怒说话的声音会闭眼或躲开;听到友善的语言会微笑。另外,0—3个月婴儿对声音的捕捉有着较为精准的能力,并且对人声有特别的偏好。加拿大英属哥伦比亚国际大学的沃尔克(Werker)博士的研究表明,新生儿在头三个月里已经形成了感知辨别单一语言的能力,他们会分辨人声和其他声音,新生儿听到说话的录音比听到乐器或其他节奏的声音时吮吸更快些。同时,他们还会辨别不同的话语声音,比如,在出生24天后,婴儿就能对男女声以及父母的声音作出不同的反应。3个月前的婴儿已经形成了感知辨别单一语言的能力,能够辨别人声和其他声音。

3个月以后的婴儿则开始辨别声音的音色、语调和语气,并从中判断说话人的态度与情绪。4—6个月婴儿处于言语知觉的语音阶段,他们已经能辨别成人话语中不同的音色、语调和语气,并且能够从成人口头语言表达中的话语语调和语气里察觉说话人的态度和情绪。当成人用愉悦的语气和婴儿说话时,他们往往会用喁喁作声和微笑予以回应。

### 2. 7—12个月婴儿从单纯语音向语音加意义知觉转变

该月龄段的婴儿可以通过说话人的语调来判断说话人的语气。婴儿的听力不仅更精准,而且能判断出成人说话时高兴、愤怒等不同的语调,继而根据不同的语调作出不同的反应。比如,如果婴儿听到训斥的声调会表现出害怕或者哭闹;如果宝宝听到温和的声调则会微笑并且心情愉快。但是他们还并不能理解话语中的意思。

### (二)喃喃自语

婴儿在出生后就开始发出声音,出生后至1岁为喃语阶段。在这一阶段里,婴儿能自言自语似地发出不同声音,但还不能说明这些声音所表示的意思,这就是通常所说的咿呀学语阶段。

### 1. 0—6个月婴儿的喃喃自语

出生后1个月内,在新生儿的哭声中,特别是当他/她哭稍停一下的时候,我们偶尔会听到他/她发出/ei/、/ou/的声音。2个月后,婴儿在开心时,会发出简单音节。当成人与其"谈话"时,他/她也会发出咕咕的声音,以完成和他人的互动。

4—6个月的婴儿可以发出声母与韵母相结合的连续音节,如 ba—ba—ba、ma—ma—ma 等;他们能发出高声调的喊叫或发出好听的声音,对自己的声音非常感兴趣,会不停地重复这些发音,发音逐渐从单音节过渡到重叠音节。

### 2. 7—12个月婴儿的喃喃自语

7个月后,在婴儿独自玩耍时,会出现婴儿的"小儿语",它也会出现在婴儿与婴儿之间的交流中,好像两个婴儿能够使用这些独特的语言进行顺利地沟通交流。"小儿语"为婴儿之后顺利地发音说话所做的准备工作,是语言真正产生前的最后准备性阶段,这对婴儿将来的言语发展具有非常重要的意义。

在8个月的时候,婴儿反复发出同一声音的情况逐渐增多,尤其是声母,新增加了b、d、t、m、n、f等音节,发出的音里不再有那么多的k、g、h的音节。韵母也有所增多,如ong、eng等,整体来看,还是一些比较容易发的音,并且发音的连续性增加,产生了一个新的特点,会发重复连续音节,比如a-bei-bei、da-da-da、ei-wa-wa。这时的重复连续音节是同一音节的连续重复发出,其中主要是a和b、d、m、n合成的音节ba、da、ma、ma,其次是h和ai、ei(hai、hei)。这表明婴儿已能将一些不同的语音组合在一起。

### (三)婴儿手语

图5-1 婴儿挥手再见①

在8—10个月的时候,婴儿开始用手势和其他非语言的反应形式如面部表情来和他人沟通,见图5-1。比如,他们会用摇手表示"再见"的手势,也会用点头表示"是"。婴儿在使用时常用的手势一般有两种:陈述性手势,即通过指物/人或者抚摸来引起他人的注意,比如,婴儿用手指向奶瓶或者水杯,表示想喝水了;祈使式手势,即通过强烈的指物动作或者拉住衣角等动作来达成目的。

婴儿的手语除了具有交流的功能,随着时间的推移,一些手势也用以表示客体或事件,像单词一样发挥作用。比如,婴幼儿可能展开手臂表示一架飞机,拍手表示高兴,等等。一旦婴幼儿习得关于某一客体或事件的单词,则它的手势指示常常会消失。不过,婴幼儿在开口说话后,仍然会用手势或其他语调线索来补充一两个单词的意思,以确保他们的信息能被理解(Butcher et al.,2000)。

## 二、言语的发展轨迹

言语发展主要分为言语理解和言语表达两个方面。其中言语理解包括语音、词义和语

---

① 图片来源:视觉中国。

句的理解。因在言语知觉部分已主要聚焦了语音理解,在此不再赘述,只聚焦词义理解和语句理解。言语表达包括了语义表达、句法表达和语用能力。

（一）言语理解

婴幼儿的言语理解是一个持续发展的过程。在本部分,依据婴幼儿言语理解发展的规律,从词义理解和语句理解两个方面进行介绍。

1. 词义理解

在此将婴幼儿能理解不同语音代表的意义称之为词义理解。

（1）0—6个月婴儿的词义理解

3个月左右的婴儿在听到喊自己名字后会试着用微笑、动作、眼神,甚至会用"喁喁"作声的方式来回应成人,见图5-2。

4—6个月婴儿已经可以分辨出家庭成员的称谓,知道爸爸、爷爷、奶奶等指的是谁,并且会指认一些常见的物体,如奶瓶、玩具等。但是,此时他们对指令的理解有相当的情境性,他们并没有真正地懂得成人的指令所表达的含义,只是单纯地从对方的语气、语调以及动作来判断成人的要求。

（2）7—12个月婴儿的词义理解

7—9个月的婴儿能够听懂一些简单的指令,并且在此基础上对指令有所反应,比如,成人向他要玩具时,能伸出手将玩具交给别人,但不肯放手;能配合穿衣时伸手、穿袜、鞋时伸脚;当听到"不"或"不动"的声音时能暂时停止手中的活动等。本月龄段的婴儿已经能够将一些词语与实物联系起来,比如,当照护者问婴儿"妈妈在哪里"时,婴儿能够把目光或头转向妈妈或用手指指向妈妈。婴儿也能将一些常用物品的词语与实物对应起来,当问婴儿"用什么喝牛奶"时,婴儿会用手指向奶瓶。

图5-2 5个月婴儿听到自己名字时看着成人①

婴儿从9个月才开始真正理解成人语言。这时他们可以按照成人的言语吩咐去做相应的事情。经过10—12个月这一阶段的发展,大多数婴儿可以理解话语的含义,并且对一些指令性的话语更为敏感,会根据成人的指令作出相应动作。

如图5-3所示,12个月婴儿已能够应成人的要求,给成人递奶瓶。婴儿眼睛看着对面的成人,伸出手来,准备把奶瓶递给成人。

12个月左右,幼儿已经能听懂自己的名字,例如,有人叫他"宝宝",幼儿能知道"宝宝"

---

① 照片由崔铭恩提供。

是他自己,也会学着把自己叫作"宝宝"。幼儿能听懂家长的提问,还可以遵照家人的指令,指出自己身体的部位,如头发、脸蛋、眼睛、耳朵、鼻子、嘴巴等。

图5-4是婴儿根据指令指出自己的耳朵的情景。经过第一年听觉器官发育的逐步完善,在1岁时,幼儿的听觉已经达到一定水平,有了一定的听觉理解能力,并且能够按照简单的指令完成相应的动作。

图5-3 根据成人指令递奶瓶的12个月婴儿①

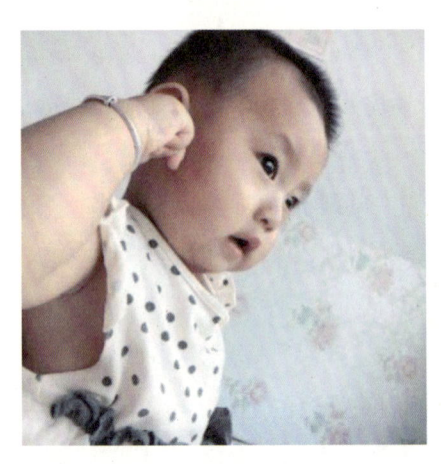

图5-4 听到指令后指出自己耳朵的12个月婴儿②

(3) 13—18个月幼儿的词义理解

13—18月龄段的幼儿对词义的理解能力大大提高,他们所能理解的词语以名词和动词为主。名词主要包括其日常生活中经常会接触到的事物的名称以及身体器官,如鼻子、嘴巴、耳朵等与自我认识相关的词语;该月龄段的幼儿能理解的动词则是平时常做的动作,如走、拿等。

(4) 19—24个月幼儿的词义理解

19个月以后的幼儿除了能理解那些描述日常生活基本动作的词语,如"坐、看、吃、睡、打开、关上、拿、走"等,还能理解一些描述事物特征的"大的"、"小的"、"脏脏的"等形容词。他们甚至连"上面"、"下面"、"在里面"、"在外面"等描述方位的方位词也能掌握。与此同时,随着幼儿对词义理解的加深,词语的概括性也逐渐形成,比如,幼儿已经由只认识黄色的四条腿、会汪汪叫的狗,过渡到把不同颜色和大小的、会汪汪叫的四条腿的动物都叫狗。"狗"这个词就由具体变成概括了。幼儿对于词语的理解不再受物体的非本质特征影响,变得更为准确、概括。

---

① 照片由刘炜彤提供。
② 照片由刘炜彤提供。

(5) 25—36个月幼儿的词义理解

25—36个月幼儿所掌握的词汇量骤增,部分幼儿能理解的词汇已达到900多个,词义泛化、词义窄化、词义特化等现象明显减少,他们对某些词汇的理解上有直接性和表面性。所谓的直接性是指幼儿通过日常生活中的听和说来获得词汇,在听说过程中习得词汇的特性。表面性指幼儿只理解字词的表面语义。该月龄幼儿经常会用自己的名字而不是"我"来指代自己;或者经常用"妈妈"而不是"你"来指代母亲。此时,如果成人试图纠正幼儿,比如,建议幼儿说"我喜欢小饼干"而不是"小鸣喜欢小饼干",他们会感到更加迷惑,误以为成人句中的"我"指的是成人自己。

婴幼儿有时候会将新学到的语法、单词等过度广泛地运用到成人言语的不规则语词中,这就是过度规则化现象。比如,当婴幼儿知道"大方"这个词是指某人很阔气的意思之后,那么如果某人很小气,他会说这人很"小方"。

### 2. 语句理解

婴儿在10个月以后才能比较完整地理解简单句子。

(1) 10—12个月婴儿的语句理解

10—12个月的婴儿能够执行成人的简单指令或要求,并且已经能够初步理解熟悉的成人在语句中蕴含的陈述、否定、疑问、感叹、祈使等句式的意义。同时,婴儿能对成人的指令(有时甚至不要吩咐,只要有相应的情景)马上作出反应,如"跟奶奶说再见"(婴儿就会摇摇手)、"欢迎叔叔"(婴儿就会拍拍手)等。有时婴儿甚至会对那些根本就不是对他们说的话中的某些词作出相应动作。比如,当婴儿听到父母说"我们宝宝现在已经对爷爷奶奶说再见了"时,就会马上挥动小手作"再见"状,这表明,婴儿对语言的理解已经比较稳固了。

(2) 13—18个月幼儿的语句理解

13个月以后,婴幼儿能够理解略为复杂的句式,他们主要能理解的句子是呼应句。所谓"呼应句"就是指婴幼儿呼唤他人(呼唤句)或是对他们呼喊的应答(应答句)。例如,18个月左右幼儿听到别人喊他名字时会应答;也会喊爸爸、妈妈等称谓。同时,本月龄的幼儿已经能够不用凭借成人的动作或面部表情就可以理解成人语句中的一些具有方向性的命令性语句,如"过来"。

(3) 19—24个月幼儿的语句理解

19个月以后,幼儿已经可以脱离具体情境、比较准确地将句子与自己动作联系起来。比如,当成人请他们帮忙把玩具狗拿过来时,幼儿就能把玩具狗从一堆玩具中挑出来并递给成人。

(4) 25—36个月幼儿的语句理解

2岁以后,除动词和形容词以外,他们还能理解一些带有介词和代词的句子,并开始理解一些表达时间词语的句子,如"天黑了要睡觉"、"天亮了该起床"等与时间有关的语句。

该月龄段的幼儿基本能听懂并执行家长的指令。

图5-5显示了30个月的幼儿在妈妈的要求下擦手的场景。当幼儿喝完粥后,妈妈说"我们要去拿毛巾自己去擦手哦",让幼儿取毛巾并擦手,幼儿听到指令后能完全正确地执行该指令,表明他已能听懂并遵循家长较长的指令了。

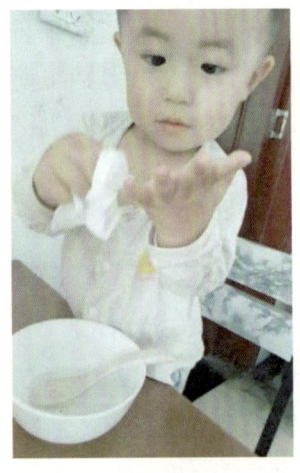

图5-5 在妈妈的要求下擦手的幼儿①

(二) 言语表达

依据婴幼儿言语表达发展的规律,下面将从词义表达、句法表达以及语用能力三个方面进行阐述。

1. 词义表达

词义即词或字的意义。在此所言的"词义表达"指婴幼儿运用字或词来表达自己想法的言语行为。

如前所述,0—12个月的婴儿虽处于前言语阶段,但8个月以后,他们会通过发出一些特殊的音节,即发出"小儿语"来和成人交流。

(1) 10—12个月婴儿的词义表达

10—12个月的婴儿开始模仿音调变化,玩发音游戏,如吹气声等,也乐于模仿声音,甚至开始尝试模仿词汇并开始发出单词。但本月龄段婴儿大都只能说出一些难懂的小儿语,并辅以用眼睛看、用手指的方法进行语义表达。比如,成人问他"小猫在哪里?",婴儿能用眼睛看着或用手指着猫,并发出"mao"等语音指代小猫。他们还会利用惊叹词,如"oh-oh"。

(2) 13—18个月幼儿的词义表达

在13个月左右的时候,有的幼儿能正式说出了第一个有意义的单词。他们更多地使用一些简单的单词表达自己的需要,但对于语言的使用有特定的对应关系,一个词只对应某一个物品,并且此时的一个单词往往特指某一个婴儿身边常见的事物。幼儿较早掌握的是那些比较简单的具体名词,如"妈妈"。到了12个月,幼儿一般能说出几个常见的物体名称或动物名称,如"狗"、"花"等。此时,幼儿间的个体差异继续变大,在本阶段的后期,有的幼儿已经会叫妈妈、爸爸,有的幼儿则还是只能发出一些不清楚的语音。

---

① 照片由张盛阳提供。

12个月以后,幼儿自发的无意义发音急剧减少,模仿发音达到高峰。14个月时,模仿发音逐渐减少,主动发音日渐增多。幼儿掌握的词大部分都是在日常交往中获得的。随着月龄增长,幼儿词汇量也明显增多,其说出的词组多为"名词+动词"的形式,如"妈妈抱"、"宝宝要"等;掌握的词汇主要是经常接触到的人和物的名称,还有少数一些动作。

12个月以后的幼儿开始出现词义泛化或窄化的现象。词义泛化又被称为词义扩充,指幼儿对词义的理解和使用超出了该语言使用范围的现象,比如,他们会把所有四条腿的毛茸茸的动物都叫作"咪咪"。词义窄化是指幼儿对词义的理解和使用达不到该词语语言范围的现象,比如,幼儿会把饼干仅仅理解为巧克力小饼干。

在18个月的时候,幼儿常用的单词通常只有20—30个,但是到21个月左右时,有的幼儿已掌握了100多个日常词汇。

(3) 19—24个月幼儿的词义表达

19—24个月幼儿在表达事物时,语言表达的准确度在提高,在表达过程中使用的词性能够和实物对应起来,比如,"叭叭呜"既可当名词表示"汽车",又可当动词表示"开车"。将名词词组实际上当作一个词使用,接近2岁时,他们能在使用中逐步分化出名词和动词,修饰语和中心语等词性。

(4) 25—36个月幼儿的词义表达

2岁后,幼儿的词汇量每天都在快速增加,以每个月平均说出25个新词的速度增加看,这种掌握新词的速度突然加速的现象,被称为"词语爆炸现象"。该月龄段幼儿的词汇掌握情况在这个阶段大大增多,到了22—24个月时,幼儿由于进入了人生第一个反抗期,会经常说"不";并开始使用"我"这个词语来表达。他们能主动使用大量的名词,如"宝宝"、"汽车"、"船"等;成人也会听到他们说出其他类型的词,包括动词"玩"、"去"、"走"等;形容词"湿的"、"痛的"、"滑滑的";代词"他"、"她"、"我"、"你"等;方位词"在……里面"、"在……上面"等。他们还会使用"更"、"最"这类表达比较含义的词汇;会用"谁"、"什么"、"哪个"等疑问词来造句。部分年满3岁的幼儿还能够表达"我的"和"你的"。

31—36个月的幼儿已能较为熟练地使用"你"、"我"等人称代词,有的年满3岁的幼儿已经能够表达"我的"和"你的"。在本月龄段幼儿的语言中,语气词的出现率有所减少,取而代之的是代词、数词、量词等出现频率有所增长,比如,他们对代词的使用频率已经达到其使用各种词类总量的13.6%,并远远超过了2岁时的5.7%。这些现象表明,本月龄段的幼儿语言已经在向成人的表达方式靠近,已不再是自编"小儿语"。除此之外,他们仍然喜欢问"为什么""是什么"等问题,在得到答案的同时来扩充其词汇量。

2. 句法表达

在此所言的"句法表达"是指13个月以后幼儿运用句子的各个组成部分和排列顺序以

及语法来表达自己想法的言语行为。

(1) 13—18个月幼儿出现单词代句现象

12个月以后,幼儿将经历单词句向双词句转化、从简单句走向复杂句的变化历程,但他们的表现特点仍然是以词代句。18个月左右会开口说话的幼儿,从说单个词到能说出含有3—5个词的简单句子,这是语言发展的一个明显的转折点,为之后词语取代手势的表达方式做好了很好的铺垫。

(2) 19—24个月幼儿说"电报句"

19个月以后,幼儿学习说话的积极性和主动性最高,也非常喜欢模仿家长的语言,但是他们尚不能够理解和区分哪些语言是文明的,哪些语言是不文明的。这一时期,他们虽然不识字,也不懂儿歌的意思,却能够一字不漏地将整首儿歌或者古诗背下来。

该月龄段的幼儿开始进行更积极的语言活动,发展出了以2—3个字构成的句式,这种表现形式却是断续、简略的,结构不完整,好像成人所发的电报式文件的"电报句",又称双词句。比如,他们经常会说"抱来""爸爸,公司"(爸爸去公司的意思)等。双词句是幼儿自创语言中一种很典型的存在方式,由于19—24个月是婴幼儿词汇量突飞猛涨的时期,所以表现出来的双词句也会变幻出层出不穷的形式。

幼儿说出的双词句,语法结构一般比较简单,主要是一些简单的"主+谓"句、"谓+宾"句或者"主+谓+宾"句。这一时期幼儿的语言不仅表现为句子简化,而且还经常出现词序颠倒,宾语前置等语法错误现象。例如,这个月龄段的宝宝会说,"我牛奶喝"这样的句子。这主要是因为幼儿对语法的学习还处于启蒙阶段,对词语的排列和语法的掌握还不够熟练,所以运用起来常会出现一些语法错误。24个月以后,幼儿才开始慢慢发展起复合句,但一般也是两个简单句的组合,但还不会使用连词,如"不要你,我自己吃"。

他们还会频繁出现提问行为,表达中会出现很多疑问句,比如,他总是要提问各种事物的名称,问"那是什么"、"这是什么"等问题。这是婴幼儿在学习语言的过程,对于婴幼儿语言的发展具有关键的作用。

(3) 25—36个月幼儿好用"提问"句,能用复合句

2岁以后,婴幼儿的提问更加多元化,有更多的层次。他们不仅会问"是什么"、"在哪里"等问题,还开始出现重复不断问问题的情况,比如,幼儿会指着一个物品,不断地去问成人"这是什么",会使用"什么"、"谁"、"什么时候"、"为什么"等疑问词。疑问句的使用不仅能够提高幼儿的语言理解能力,而且能够激发婴幼儿学习的兴趣,促进幼儿多方面能力的发展。

幼儿语句中的含词量也有了明显增长,25—27个月幼儿的语言表达出现包含"主、谓、宾"三种成分的3—5个词的句子;同时在句式方面,他们也学会了运用多种简单句,出现了

省略连词的由简单句组合而成的复合句,比如,"不要,我自己。"但是,所表达出来的仍然是零散而不连贯的句子,这是由于婴幼儿并不能顺利使用连词将多个词语顺利地串联成句。

2岁以后,幼儿会在回答成人的选择性问题时,由于分不清选择项和本人意愿的关系,从而频繁地使用接尾策略,即用疑问句末尾的那个选项作为自己的选择,而这个选择又往往不是幼儿的真实意愿。比如,当成人第一次问婴幼儿"你喜欢红色还是蓝色"时,他们会回答蓝色,当成人再次问婴幼儿"你喜欢蓝色还是红色"时,其回答就会变成红色。这种"言不由衷"、"表里不一"的行为是因为他们运用了接尾策略。2岁半以前的幼儿会频繁使用这种策略,直到3岁左右,幼儿才会放弃使用这种策略。

2岁半以后,幼儿已经能够说出完整的句子,即能够用成人的说话方式来表达自己,比如,他们能说出"我要吃苹果"。除了能说出一些简单句之外,在他们的语言表达中也出现了较为复杂的完整句子,复合句逐渐出现在他们的话语中,但句式仍以陈述句为主,句子的含词量约为5—6个单词。大幅度增加的词汇量使得幼儿运用句子的能力有了很大的进步,但是,在说话的时候,他们仍然会出现"破句现象",即说话时有结巴不流畅的情况。这一现象是由于幼儿语言发展与思维发展不同步造成的,由于大脑中想说的话太多,但其说话的速度跟不上大脑思维的快速运转,因此,把自己的想法完整顺利地表达出来这一要求,对于本月龄段的幼儿来说是有一定难度的。

句子语法的日渐复杂,体现了幼儿较为成熟的语言能力。虽然在幼儿的语句表达过程中仍会出现各种各样的错误,但是幼儿语法的使用情况已经有了很大的进步,与成人口语相似,幼儿语言中的80%能被他人听懂。

### 3. 语用能力

语用即语言运用。婴幼儿用不同的言语或非言语行为表达或传递自己的需求和想法的行为。例如,通过哭泣吸引他人注意。

婴幼儿在语用的发展不如词义表达那样有鲜明的月龄区分,因此在此只能比较笼统地进行表述。

0—2个月的婴儿主要通过调节哭声来呼唤成人解决问题。在2—3个月时,当成人给婴儿一定的语言刺激时,他们会作出一定程度的反应以吸引成人的注意。

到7、8个月的时候,婴儿在听到别人讲话的时候很安静,等到对方停止讲话时,他会用"小儿语"发声作为回应。

到9个月的时候,他们会发出声音去唤起成人的注意,他们会等一两秒钟,等待成人开始说话,之后再次看向成人,期待与成人继续言语"交流"。

1岁半以后,幼儿初步掌握一些与人沟通的交际方式,他们不仅能够使用包括表情、动作、体姿、身体空间距离等方式的体态语(非语言符号),来表示自己语言的结束,而且也知道为了更好地表达自己的想法会提高说话的声音或者站得离听话的人更近一些等方式来表达自己。

2岁以后在交流内容方面，幼儿不再仅仅只是表达自己，也开始考虑谈话的同伴是否想要听这些内容。他们会选择对方可能还不知道的内容作为谈话主题。幼儿不仅学会使用一定的礼貌用语，如"谢谢、再见"等，而且也能够分辨出他人的语言中哪些话语是有礼貌的，哪些话语是没有礼貌的。

3岁幼儿基本掌握了听、说和读等语言技能，为以后进一步的学习语言打下基础。

## 本章小结

**一、核心概念**

言语是人运用语言材料和语言规则所进行的交际活动的过程，也就是人们说出的话和听到的话，又叫"话语"，言语是个体在不断掌握、运用和理解语言的过程中发生的心理现象。

语言是人类社会中客观存在的现象，是一种社会上约定俗成的符号系统。语音、手势、表情是语言在人类肢体上的体现。

**二、相关经典理论**

1. 行为主义者的观点

语言只是一项学习行为，具体的语言训练会对语言能力的发展起到重要作用。操作性条件反射，尤其是其中的塑造过程解释了婴幼儿的言语能力是如何发展起来的。

2. 先天论观点

美国著名的语言学家诺姆·乔姆斯基认为，语言是人类内在的能力，人类天生就有一种语言获得装置（language acquisition device，LAD），通过外部环境中的语言输入而引发其功能，幼儿就能在很短的时间内获得大量单词和复杂的语法结构。

3. 交互作用观点

言语发展的最新观点强调内在能力和环境影响之间的交互作用。其中一种交互作用论把信息加工说运用到语言发展中，强调认知对语言发展的影响。另一种交互作用观强调社会互动对语言习得的作用。

**三、语言的发展价值**

第一，促进婴幼儿语言和行为的社会化进程；

第二，促进婴幼儿认知能力的发展；

第三，提高婴幼儿的语言兴趣。

### 四、0—3岁婴幼儿语言发展的主要轨迹

0—12个月婴儿大都处于前言语阶段,即言语知觉阶段,他们从口头言语的语音知觉和听觉阶段向语音阶段进发,直到音位阶段。

13个月以后的幼儿逐渐进入言语阶段,先从言语理解发展开始,包含了语音理解、词义理解、语句理解,继而进行言语表达,从语义表达到句法表达乃至语用表达。

### 巩固与练习

一、简答题

1. 简述0—1岁婴儿的前言语发展轨迹。
2. 简析1—3岁幼儿的言语发展轨迹。

二、案例分析

**妈妈是如何分辨可可的表达?**

可可1岁多了。有一天,妈妈带可可回来的时候,可可的表情有些凝重,手指也时不时放进嘴巴里吮吸着,可可急促地叫着"妈妈、妈妈"。这时,妈妈走过来,开始给可可喂起了奶,可可心满意足地吃了起来。

思考:妈妈是如何辨别可可所表达的需要的?

# 第六章 0—3岁婴幼儿社会性-情绪发展的基础知识

## 学习目标

- 理解 0—3 岁婴幼儿社会性-情绪的概念。
- 知晓关联 0—3 岁婴幼儿社会性-情绪发展的基本理论。
- 掌握 0—3 岁婴幼儿社会性-情绪发展的轨迹。

## 本章重点

- 社会性-情绪的概念和种类。
- 0—3 岁婴幼儿社会性发展的轨迹。
- 0—3 岁婴幼儿情绪发展的轨迹。

## 学习内容

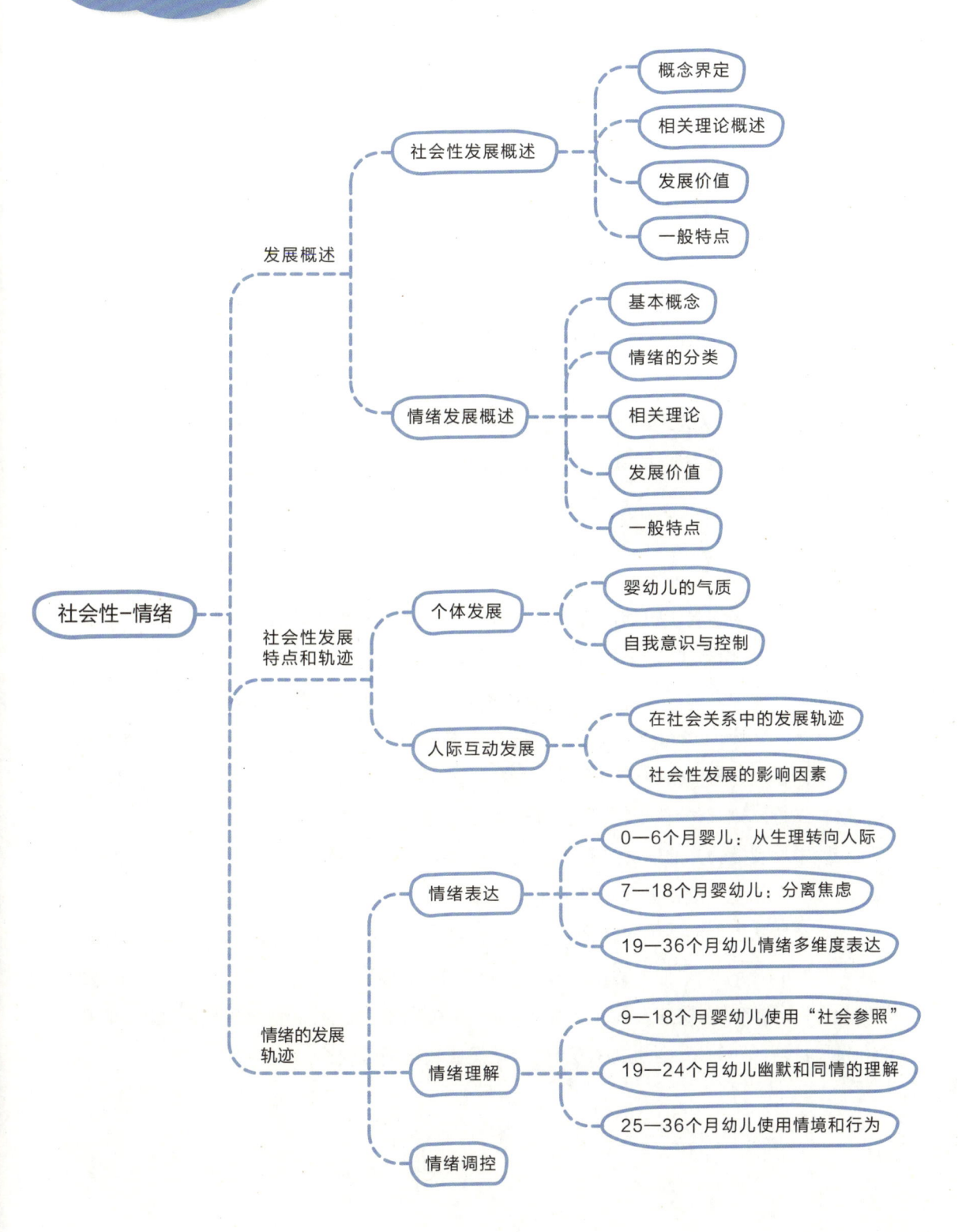

- 社会性-情绪
  - 发展概述
    - 社会性发展概述
      - 概念界定
      - 相关理论概述
      - 发展价值
      - 一般特点
    - 情绪发展概述
      - 基本概念
      - 情绪的分类
      - 相关理论
      - 发展价值
      - 一般特点
  - 社会性发展特点和轨迹
    - 个体发展
      - 婴幼儿的气质
      - 自我意识与控制
    - 人际互动发展
      - 在社会关系中的发展轨迹
      - 社会性发展的影响因素
  - 情绪的发展轨迹
    - 情绪表达
      - 0—6个月婴儿：从生理转向人际
      - 7—18个月婴幼儿：分离焦虑
      - 19—36个月幼儿情绪多维度表达
    - 情绪理解
      - 9—18个月婴幼儿使用"社会参照"
      - 19—24个月幼儿幽默和同情的理解
      - 25—36个月幼儿使用情境和行为
    - 情绪调控

> **小案例**
>
> 丁丁5个月了,吮吸妈妈的乳汁后,他的小脸上会出现心满意足的微笑。不管是吃饱喝足,还是刚换过尿片、妈妈轻轻拍他时,他都会微笑。
>
> ☞ **聚焦思考**
>
> A:丁丁吃饱喝足之后小脸上为什么会出现心满意足的微笑呢?
>
> B:丁丁的笑是社会性微笑吗?
>
> ☞ **小小分析**
>
> A:丁丁吃饱喝足之后小脸上为什么会出现心满意足的微笑呢?
>
> 丰沛的乳汁、妈妈轻柔的抚摸和轻缓的拍打都会让丁丁在满足生理需要的同时,感受到人际的温暖,这种温暖是丁丁感受外部世界,助其社会性发展的重要基础。
>
> B:丁丁的笑是社会性微笑吗?
>
> 丁丁的笑是社会性微笑。这是丁丁在感受外界温暖后,最初的社会交往能力的表现。

在不少的心理学著作中都把"情绪"与"社会性"分开来叙述,但在本书中将这两者合二为一,乃是基于理论与实践的考量。

理论上有两个依据。其一是《儿童心理学手册》。在《儿童心理学手册(第6版)》第三卷(上、下)(Nancy Eisenberg 主编)中,将社会、情绪以及人格作为一卷,说明两者密不可分。其二是以国家文件为依据。2020年12月底,国家卫生健康委员会颁布的《托育机构保育指导大纲》(试行)第七部分就是将"情感与社会性"归为一个范畴。

实践中反观婴幼儿的发展进程,他们的社会化是以个人情绪为基础,同时社会性-情绪(social-emotion)也是婴幼儿发展的一个重要维度,无法将其截然分开。

人类个体从出生那一刻起就是社会人,需要适应周围的外在环境。在人生发展的最初三年,婴幼儿学会了理解他人的情绪、表达自己的情绪、学会了与他人相处等。三年里,婴幼儿的社会性-情绪都在快速发展。本章将对0—3岁婴幼儿社会性-情绪发展的概念、相关理论和发展价值、0—3岁婴幼儿的社会性-情绪发展轨迹进行阐述。

# 第一节 发 展 概 述

社会性-情绪发展是人从生物性向社会性转变的重要心理维度。0—3岁婴幼儿要学会生存、学会生活,必须借助社会性-情绪发展的功效。

## 一、社会性发展概述

本部分将围绕0—3岁婴幼儿社会性发展的相关概念、相关理论以及在其人生发展中的独特作用三个方面进行阐释。

### (一) 概念界定

根据陈帼眉教授(1994)的定义,"儿童社会性发展"指儿童个体社会化的内容与结果,是在社会化过程中获得的情感、性格等心理特征,也是在社会交往中表现出来的心理特征。儿童社会化发展一直备受心理学家的关注,下面将撷取在第一章中有所提及但并没作详尽介绍的经典理论进行介绍。

### (二) 相关理论概述

与0—3岁婴幼儿社会性发展相关的经典理论主要有埃里克森的人格发展阶段理论和鲍尔比的依恋理论。

#### 1. 埃里克森(Erickson)的人格发展阶段理论

埃里克森是弗洛伊德的女儿安娜·弗洛伊德的学生,他提出个体必须成功地通过一系列心理社会性发展阶段,每个发展阶段都会出现一个主要的冲突或危机。

(1) 理论概述

埃里克森认为人的一生有八个发展阶段,虽然每个危机不会完全消失,但如果个体想要成功应对后面发展阶段的冲突,就需要在特定的阶段充分地解决这个主要危机。下面我们来陈述与0—3岁婴幼儿心理发展相关的前两个阶段。

① 信任对不信任(0—1岁)

在埃里克森提出的第一个发展阶段中,儿童需要通过与看护者之间的交往来建立对环境的基本信任感。信任是儿童对父母强烈依恋关系的自然伴随物。父母为儿童提供了食物,通过肌肤接触给儿童带来安全感。但是如果儿童的基本需要没有得到满足的话,比如,照护者不经常出现,经历不一致的回应,缺乏身体的接近和温暖的情感,儿童就可能发展出一种强烈的不信任感、不安全感和焦虑感。在此阶段,对照料者提出了需具有"敏感性"和"回应性"的要求。研究表明,照料者越具有洞察0—18个月孩子的生理和心理需求的能力,并能对这些需求及时进行回应和满足,其亲子关系就越好,孩子将来的社会性发展就非常顺利。

② 自主对自我怀疑(1—3岁)

伴随着运动和言语能力的发展,幼儿对安全的自主感和成为有能力之人的需求,就成为12—36个月幼儿的人生重要课题。在第二个阶段中,需要照料者适当地对孩子的行为加以约束和引导,让幼儿了解哪些行为是被认可的,哪些行为不被认可。宽松而有一定制约的环境能够让孩子获得不丧失自尊的自我控制能力。但过分的约束和批评可能导致自我怀疑,要求过高(例如,过早或过严格的上厕所训练)可能阻碍幼儿征服新任务的坚韧性。

埃里克森的理论明确地揭示了0—3岁婴幼儿的人生发展的两大课题。

(2) 理论启发

埃里克森的理论给我们两大启发:第一,需营造亲和环境。所谓"亲和环境"就是让0—3岁婴幼儿感受到周围人满满的爱意,温馨且有回应的环境。因为埃里克森理论告诉我们,0—18个月的婴幼儿人生课题就是建立信任感,只有当0—18个月婴幼儿处于"亲和环境"才会真正使他们对周围人产生信任。第二,需充分发挥幼儿的自主性。埃里克森的理论揭示了18—36个月幼儿的课题就是自主,我们要尽可能地给幼儿自主机会,如自己吃饭、自己穿衣、自己游戏,这些都能使幼儿获得自主,进而获得自尊。

2. 鲍尔比(Bowlby)的依恋理论

依恋是由美国心理学家鲍尔比(1951)最先提出的一个心理概念,它指婴幼儿与主要抚养者(通常是母亲)之间形成的由爱联结起来的永久性的心理联系。哺乳是让婴儿得到生理上的满足,而依恋则能使婴儿得到一种情感上的满足。在婴儿期的亲子关系中,依恋占据最重要地位。依恋是婴儿与成人形成的最初的社会性联结,也是婴儿情感社会化的重要标志。

(1) 理论概述

鲍尔比所提出的"依恋"是婴儿对在自己的成长过程中扮演重要角色的母亲以及代理母亲的照护者的持续反应系统。根据鲍尔比所提出的"依恋"概念,依恋行为有两个特点,一是渴求与依恋对象接近;二是努力维持这样的接近。表现在婴儿的行为上,有两种模式:信号行为模式和接近行为模式。在信号行为模式中,婴儿有微笑、啼哭、注视和发出响声等行为,目的在于把母亲呼唤到自己的身边;而在接近行为模式中,有吸吮乳汁、抓住母亲不放和用目光追视母亲等表现,目的在于保持和母亲的接触。

① 依恋的发展

鲍尔比(1969)进一步把婴儿依恋发展分为四个阶段,并详细描述了婴儿依恋的发展过程。

- 无差别的社会反应时期(0—3个月)

这是对人和物不加区别的定位和表现信号行为阶段。婴儿虽然还不会识别某一个特定的人,如母亲,但已经会向他人表现出信号行为,这种行为容易激发母亲的母性行为。因此,母亲和婴儿在一起的时间增多。此时的婴儿还未有对任何人(包括母亲在内)的偏爱。

- 选择性的社会反应时期(3—6个月)

这时期的婴儿对人的反应有了区别,对人的反应有所选择,对母亲更为偏爱,对母亲和他所熟悉的人及陌生人的反应是不同的。这时的婴儿在母亲面前表现出更多的微笑、咿呀学语、依偎、接近,而在其他熟悉的人(如其他家庭成员)面前,这些反应则相对少一些,对陌生人这些反应就更少。此时的婴儿还不怯生。

- 特殊的情感连接阶段(6—24个月)

从6—7个月起,婴儿对母亲的存在更加关切,特别愿意与母亲在一起,与她在一起时特别高兴,而当她离开时则哭喊,不让离开,别人还不能替代母亲使其愉悦。当母亲回来时,婴儿则马上显得十分高兴。同时,如果母亲在他身边,婴儿就能安心地玩、探索周围环境,好像母亲是其安全基地,这些婴儿已经建立起了真正的依恋。

- 目标调整的伙伴关系阶段(24个月以后)

2岁以后,幼儿能逐步理解母亲的情感,并知道根据母亲的兴趣调整自己的情绪和行为。比如,当母亲需要做其他事情并要离开一段时间时,婴儿会表现出能理解,而不是大声哭闹,他可以自己较快乐地在一边玩,或者通过言语、目光与母亲交流,因为他相信母亲一会儿会回来。

② 依恋的不同类型

鲍尔比的同事安斯沃斯设计实施的经典实验"陌生情境",通过设置让婴幼儿到大学实验室与陌生人一起游戏的陌生环境,观察婴幼儿在陌生环境中与母亲的分离与再相见时的行为,还有当母亲离开后与陌生人是否能一起游戏的表现。

表6-1 陌生情境实验程序

| 情节 | 在场人物 | 持续时间(情节):min | 情景变化 |
| --- | --- | --- | --- |
| 1 | 母亲、孩子 | 3 | 母亲和孩子进入房间 |
| 2 | 母亲、孩子、陌生人 | 3 | 陌生人进来加入母亲和孩子之中 |

续表

| 情节 | 在场人物 | 持续时间(情节)：min | 情景变化 |
|---|---|---|---|
| 3 | 孩子、陌生人 | 3或少 | 母亲离开 |
| 4 | 母亲、孩子 | 3或多 | 母亲回来,陌生人离开 |
| 5 | 只有孩子 | 3或少 | 母亲再次离开 |
| 6 | 孩子、陌生人 | 3或少 | 陌生人回来 |
| 7 | 母亲、孩子 | 3 | 母亲回来,陌生人离开 |

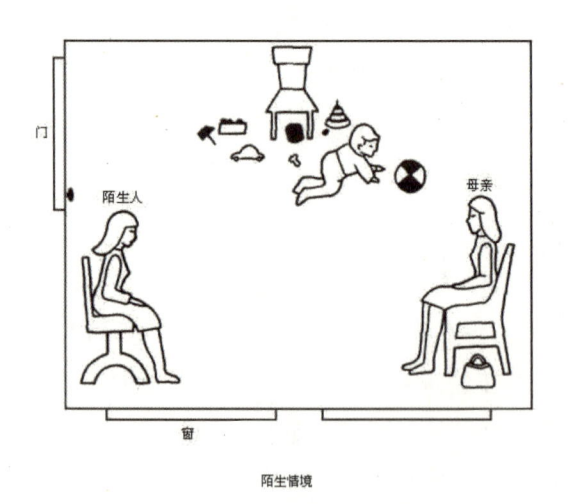

图6-1 实验"陌生情境"的写意图

通过实验,安斯沃斯发现并归纳了一种安全依恋模式和三种不安全依恋模式：

安全型依恋：当母亲在场时,这类孩子会独自探索；母亲的离开会略显不安,他们大都不哭,即使哭也只会哭一小会儿,当母亲回来时,马上会扑向妈妈的怀抱。当母亲在场时,这类孩子对陌生人很随和大方；母亲不在场时,他们也能和陌生人一起玩。

回避型依恋：这类婴幼儿属于非安全型依恋。当母亲在场时,这些孩子并没有反应；当母亲离开时也不会表现得很难过,甚至当母亲想主动引起他们的注意时,他们仍然表现得很冷漠；重见母亲时他们会回避母亲或不与母亲打招呼。当母亲在场时,这类孩子对陌生人还比较和善,但母亲不在场时,他们不能和陌生人一起玩。

矛盾型依恋：这类婴幼儿也属于非安全型依恋。在陌生情境中,他们紧紧地靠在妈妈身边,很少有探索行为。当母亲离开时,他们会表现得很痛苦,有的甚至会剧烈哭泣；重见母亲时,他们表现出愤怒、抵抗行为,有时推推打打。很多孩子被抱起时依然哭闹,很难安慰,甚至抗拒母亲的身体接触。矛盾型婴儿对陌生人保持相当的戒备,甚至当母亲在场时也是如此。母亲不在场时,他们全然不能和陌生人一起玩。

组织混乱型依恋:这类孩子表现出最大程度的不安全。它混合了回避型和矛盾型依恋的模式,他们似乎对于是接近还是回避照料者犹豫不决,与母亲重逢时,这类孩子会表现出一系列混乱、矛盾的行为。比如,母亲抱起时他们还看着别的地方,或者对母亲的出现毫无表情,或者很沮丧。很多这样的孩子面部表情茫然,交流混乱。有一些在平静后突然哭起来或者表情古怪,动作冰冷。

(2) 理论启发

鲍尔比的依恋理论给我们最大的启发就是:要建立亲子之间的安全型依恋关系。安全型依恋是一种亲密、温暖、持久的关系,这能使婴幼儿既获得满足,又能感到愉悦。成人,特别是照护者,每天都能以微笑、注视和积极鼓励的态度来对待0—3岁婴幼儿,与之建立安全型依恋,就能夯实0—3岁婴幼儿的生命基础。

### (三) 发展价值

人是一切社会关系的总和。婴儿从呱呱坠地开始,就在社会关系的环绕下开始了社会化发展的进程。社会性发展的作用主要体现在所占的重要地位和重要时期两个方面。

首先,社会性发展在婴幼儿的心理中地位举足轻重。促进儿童社会性发展是现代教育最重要的目标之一,因为培养身心健全的人是教育的最根本目标。社会性发展是儿童身心健全发展的重要组成部分,它与"体格发展"、"认知发展"共同构成了儿童发展的三大方面。一个人的道德水平、社会交往能力都是社会性发展的重要因素,是获得事业成功的重要条件。

其次,婴幼儿期是社会性发展的重要时期,在人的一生的社会性发展中,处于基础阶段。此阶段幼儿社会性发展直接关系到他们未来人格发展的方向和水平。

### (四) 一般特点

0—3岁婴幼儿社会性发展体现出非同步性、情绪性和遗传性、基于生理需要和反射、社会模仿、不稳定性、自我中心等特征。

1. 非同步性

儿童的社会性发展受到各个因素的相互影响,因此,社会性发展的各个方面不是同步的。在儿童的社会发展中,最初是社会行为中亲子关系的发展。母亲及其他照护者对婴幼儿的抚育行为激发两者间的亲密关系,为婴幼儿社会性发展作好铺垫。随着与周围环境的接触增多及自身各个领域的发展,婴幼儿的交往范围逐渐扩大,开始探索陌生环境和陌生人,与同伴间的交往也开始发展起来。

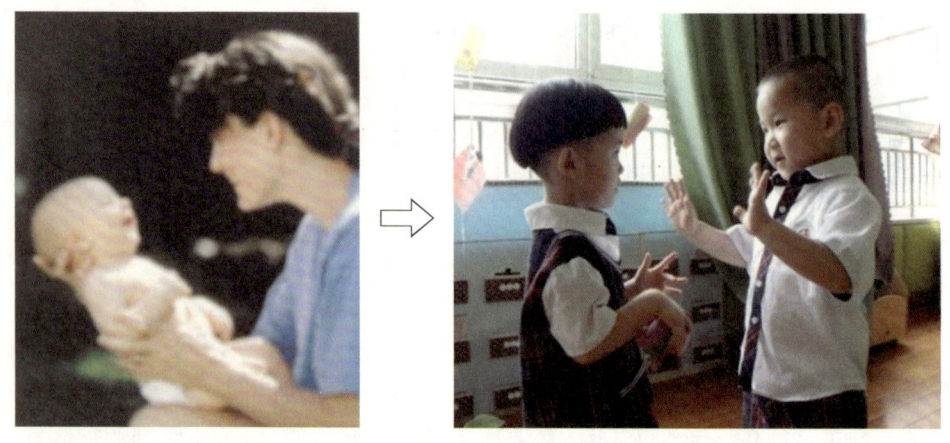

图 6-2　婴幼儿的社会性发展趋势：聚焦亲子关系向聚焦同伴关系迈进①

在这个过程中，伴随着各项能力的提高，亲社会行为也逐渐发展起来。同样，自我意识的发展中，自我认识的发展早于自我控制，后者在 2 岁后开始出现，在前者基础上发展起来。

### 2. 情绪性和遗传性

1 岁前的婴儿社会性发展主要表现在与周围人情绪性的沟通，沟通的手段也多是哭泣和微笑等。1 岁后的幼儿有了一定的言语和动作技能，其社会行为仍带有浓重的情绪色彩，其社会交往的风格也受家庭教养环境和婴儿本身气质的影响，呈现出较大的个体差异。例如，"难养型"的婴儿在社会交往中易哭闹，"易养型"婴儿易表现出友好，等等。

### 3. 基于生理需要和反射

刚出生的婴儿与他人的交往大多是出于生理需要。对刚出生的婴儿来说，引起行为的最重要的因素是生理因素。1 岁内婴儿不同的哭声表达了他们不同的生理需要，从而引起他人的注意。伴随着各领域能力的发展，1 岁后的幼儿与他人的互动开始逐渐基于社会性的交往需求，但生理需要和反射仍然占据了很大的比重。

### 4. 社会模仿

儿童的社会性发展有很大一部分是通过模仿习得的。刚出生的婴儿已经开始关注成人的面部表情，出生 2 周的婴儿能够模仿成人的表情变化（A. Melt-zoff & Moore，1977）。婴儿对成人的模仿贯穿于他们的成长期。他们关注成人的举动，并乐于"跟着做"。特别是 2 岁后的幼儿，自我意识和独立性提高，特别热衷于模仿成人的行为。婴幼儿的社会性各方面在这种不断重复的模仿中发展，也因此深受与其有着密切关系的照护者的影响。

### 5. 不稳定性

0—3 岁婴幼儿的社会性发展不是一个稳定上升的序列。由于社会性的发展受到多种

---

① 左图由美国专家南茜·艾斯伯格提供，右图摄自山东潍坊寿光风华托育中心。

因素的影响,并且社会性发展的各个方面间也是相互影响的关系,因此,社会性发展的各个方面在发展的各月龄段表现出不稳定的特点。比如,亲社会行为的发展受认知和自我意识的影响,当婴幼儿自我意识尚未成形时,会依照成人的指令作出较多的分享行为,但2岁之后所有权的意识增强,对物品的占有欲增强,他们的分享行为反而减少,因此显现出亲社会行为发展似乎"倒退"的假象。

### 6. 自我中心

0—3儿童社会性发展中的自我中心特点明显。婴儿期是人、物不分的混淆期。1岁以内婴儿的社会性围绕自身的生理需要和情绪进行,之后随着自我意识的发展,2岁幼儿开始出现"反叛"。他们由于社会化的发展还不成熟,行为上有冲动、易怒的倾向,经常跟成人"唱反调",社会行为表现出很强的自我中心性。

为便于大家更好地了解0—3岁婴幼儿社会性发展,我们参考表6-2的归纳,呈现其发展的里程碑。

表6-2　0—3岁婴幼儿社会性发展里程碑[①]

| 大致月龄 | 特征 |
| --- | --- |
| 0—3个月 | 婴儿乐于接受各种刺激,他们开始表现出兴趣和好奇心,见到人就会微笑。 |
| 3—6个月 | 婴儿会经常微笑、咕咕叫、大笑,这时是社会性发展的觉醒时期,婴儿和照料者之间最早的人际互动就在此时发生。 |
| 6—9个月 | 会对其他婴儿"说话",并会摸他们、逗他们,以求获得他们的响应。 |
| 9—12个月 | 婴儿专注于他们的照料者,可能会害怕陌生人,在陌生环境中活动会收敛抑制。 |
| 12—18个月 | 幼儿会探索自己的环境,以他们最依恋的人作为安全基地,在熟悉了环境之后,会更有信心,更热衷于表现自己。 |
| 18—36个月 | 幼儿有时候会变得焦虑,因为这时候他们可以知道与照料者分离了多长时间。 |

## 二、情绪发展概述

从出生第一天起,婴儿就具有"喜"、"怒"、"惧"等基本情绪,并在涉足人生长河中逐渐发展出害羞、内疚、嫉妒和得意等复杂的情绪,每一种情绪的发展在儿童成长中都起着重要的作用。

---

[①] 引自 https://wenku.baidu.com/view/efdf8184a5e9856a57126081.html.

概述部分将主要就情绪的基本概念、相关理论以及在婴幼儿心理发展中所具有的发展价值进行介绍和诠释。

### (一)情绪的基本概念

在此将聚焦两个问题,情绪的定义和情绪与情感的区别。

#### 1. 关于情绪的定义

情为何物?人为何"为情所困"?对此的研究虽层出不穷,但仍莫衷一是。相对集中的描述是"情绪是人对客观事物的态度体验及相应的行为反应,情绪是以个体的愿望和需要为中介的一种心理活动"。当客观事物或情境符合主体的需要和愿望时,就能引起积极的、肯定的情绪,反之则会引起消极情绪。

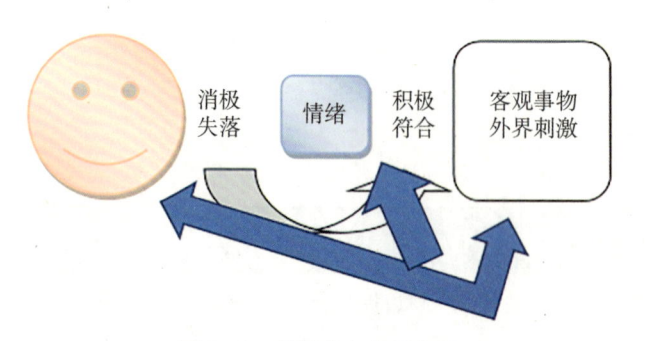

图6-3 情绪定义的写意图

比如,18个月的幼儿拿到了自己想要的玩具,就会感到满意;被爸爸妈妈抱着就会觉得开心。当客观事物或情境不符合主体的需要和愿望时,就会引起消极的、否定的情绪,比如,9个月的婴儿看到陌生人会觉得害怕;看到妈妈离开后,他们会大声哭泣。由此可见,情绪是个体与环境间某种关系的维持或改变(Campos,1970)。

根据伊扎德(Izard,1977)的定义,情绪是由独特的主观体验、外部表现和生理唤醒三部分组成,如图6-4所示。

"主观体验"是个体对不同情绪状态的自我感受。每种情绪具有不同的情绪主观体验,它们代表了人们不同的感受,构成了情绪的心理内容。人的主观体验与相应的表情模式是联系在一起的,比如,愉快的情绪必然伴随着欢快的面容或手舞足蹈的外显行为。

"外部表现"就是通常所言的表情,它是在情绪状态发生时,身体各部分的动作表现,包括面部表情、姿

图6-4 情绪的组成部分

态表情和语调表情。面部表情是所有面部肌肉变化所组成的模式,比如,高兴时嘴角上扬、面颊上提等。面部表情模式能精细地表达不同性质的情绪情感,因此是鉴定情绪的主要标志。姿态表情指面部表情以外的身体部分的表情动作,包括手势和身体姿势,比如,幼儿生气时会跺脚,愤怒时会握紧双手,等等。语调也是表达情绪的一种重要形式,语调表情是通过言语的声调、节奏和速度等各方面的变化来表达的,比如,开心时,语调上扬、语速加快等。

"生理唤醒"是指情绪产生的生理反应。它涉及广泛的神经结构,中枢神经系统的脑干、中央灰质、丘脑、杏仁核、下丘脑以及外周神经系统和内外分泌腺等。

生理唤醒也反应生理的激活水平。不同的情绪生理反应模式是不一样的,比如,满意、愉快时心跳节律正常;但恐惧或暴怒时,心跳加速、呼吸频率增加甚至出现间歇或停顿,等等。

### 2. 情绪和情感的区别和联系

情绪通常分为基本情绪和社会情绪,基本情绪有喜、怒、哀、惧等,社会情绪有自强、自尊、喜欢和仇恨等。情感则主要指"理智感"、"审美感"和"道德感"。

情绪和情感虽是一字之差,两者也密不可分,但从严格意义上说两者之间有诸多区别。

首先是范围不同。情绪既可用于人,也可用于动物,基本情绪带有更多的生物性,但情感通常只有人类具备,带有更多的社会性。

其次是内外有别。如前所述,情绪带有外在表现性,高兴时手舞足蹈、眉开眼笑;愤怒时则怒目圆睁、暴跳如雷。但是情感作为一种体验和感受(experience),带有较大的隐蔽性和稳定性、深刻性和持久性。

第三是长短不一。情绪带有爆发性,往往来得急去得快,但情感具有稳定、深刻的特点,如道德感和审美感,可能历久弥坚。

## (二) 情绪的分类

国内外学者采用不同的分类方式和标准对情绪进行分类,精彩纷呈,莫衷一是。在此呈现的是较为普遍的分类描述,供读者参考。

### 1. 基本情绪和复合情绪

从生物进化的角度看,人的情绪可以分为基本情绪(basic emotion)和复合情绪(complex emotion)。基本情绪是人与动物所共有的,在发生机制上有着共同模式,是先天和不学而能的。每一种基本情绪都具有独立的神经生理机制、内部体验和外部表现,并且具有不同的适应功能。复合情绪则是由两种以上的基本情绪组合而形成的情绪复合体。

普拉切克(Plutchik,2003)根据其研究提出了恐惧、惊讶、悲伤、厌恶、愤怒、期待、快乐和信任八种基本情绪,而依据其强度上的变化,每种基本情绪都可以进一步细分,详见图6-5。

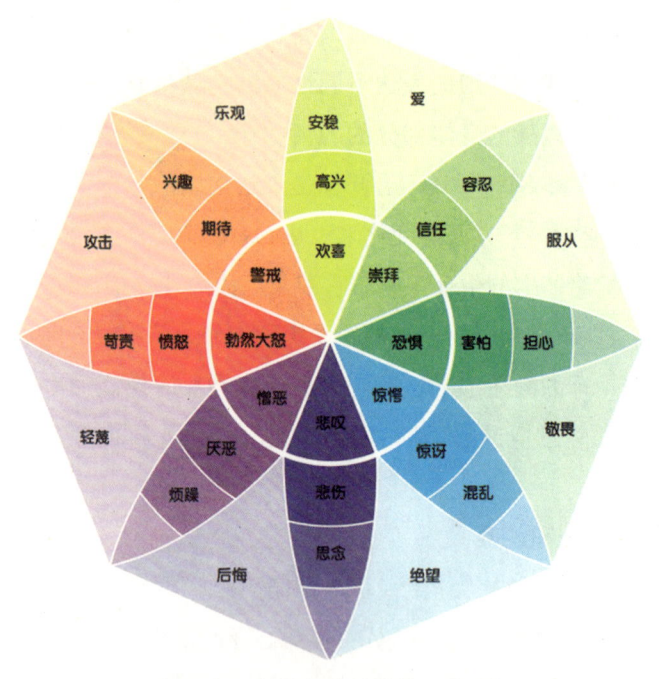

图 6-5 普拉切克的情绪分类图①

如图 6-5 所示,以"愤怒"为例,比其强度低的是"苛责",而比"愤怒"强度更强的就是"勃然大怒"。一种基本情绪可与相邻情绪混合产生某种复合情绪,也可能与相距较远的情绪混合产生某种复合情绪。比如,期待和恐惧混合在一起就会产生焦虑情绪。

2. 积极情绪和消极情绪

情绪还可以分为两类:一类是积极情绪(positive emotion);另一类是消极情绪(negative emotion)。积极情绪是与接近行为相伴而产生的情绪,而消极情绪则是与回避行为相伴而产生的情绪。

(1) 积极情绪

积极情绪包括快乐(joy)、兴趣(interest)、满足(contentment)和爱(love)等。一般认为,积极情绪有三个重要的适应功能,即支持应对、缓解压力和恢复被压力消耗的资源。佛雷德里克森(Fredrickson)认为,积极情绪能拓宽注意范围,增强行动效能,有助于个体获得各种社会资源。积极情绪还能明显影响思维过程,促进个体高效率地思考和解决问题,也就是说,积极情绪对认知有组织功能;积极情绪还能够帮助幼儿改善人际关系和社会关系。

(2) 消极情绪

消极情绪指生活事件对人的心理所造成的负面影响,如悲伤、恐惧、愤怒、痛苦等。

---

① 图片来源:https://www.zcool.com.cn/article/ZOTgzMzEy.html? switchPage=on.

### 3. 原始、目标、复合情绪

巴雷特（Barrett）和坎帕斯（Campos）将情绪分成"原始性"、"目标性"和"复杂性"三种类别[①]。

（1）原始性情绪

原始性情绪指那些对婴幼儿来说为适应生存而与生俱来的情绪，如厌恶、害怕。婴幼儿的厌恶情绪可能是对某种不受欢迎味道的反应，他们的害怕则可能是对噪音的反应。

（2）目标性情绪

目标性情绪指伴随着目标而产生的一种情绪，目标达成会引起正面积极的情绪，反之未达成目标则会引起生气和悲伤等情绪，这些情绪往往伴随着婴幼儿试图实现其对外部环境指向性要求。比如，食物的出现可能引发一个饥饿的婴幼儿兴趣和开心等正面的情绪表现，但对饥饿的婴幼儿来说，看见食物想要伸手去抓的时候，成人却不给予，他们就会表露出生气、悲伤等消极情绪。在目标指向的活动中，婴幼儿的这些伴随特定目的的情绪信号可以与成人的反应进行类似社会化的信息交流。这样的情绪反应就像儿童发出的信号，只有当目的达到或者得到满足后才会消失。

（3）复合情绪

复合情绪是婴幼儿在社会化的行为过程中为了达到某一个特定目的而形成的，包含了"害羞"、"内疚"、"嫉妒"和"得意"等。这些情绪也是在婴儿社会化的过程中产生的。以关系到婴幼儿对社会化目标渴望的"害羞"和"内疚"为例来理解复杂性情绪的社会性，"害羞"往往是因为婴幼儿想要得到成人正面评价却不知能否获取时所产生的，而"内疚"往往是因为自己的行为没有得到他人的认可。至于"得意"的情绪往往是因为其社会化的目标达成后形成的，比如，自己的表现得到成人的喜欢、微笑与赞赏等。

### （三）情绪相关理论

情绪相关的主要理论是"情绪智力"理论，下面将从概述和启发两大维度来进行阐述。

#### 1. 理论概述

"情绪智力"理论是最为经典的关乎幼儿情绪发展的理论。

1990年，萨罗卫和梅耶（Salovey & Mayer）首次正式使用"情绪智力"（emotion intelligence）这一概念来描述对个体获得社会成功的重要情绪特征。[②] "情绪智力"理论在1997年基本定型。[③] 该理论将"情绪智力"看作是个体准确、有效地加工情绪信息的能力集合，[④] 即

---

[①] J. Gavin Bremner. Infancy Second edition [M]. India Printed in the U.S.A., 1994.
[②] 卢家楣. 对情绪智力概念的探讨[J]. 心理科学, 2005, 28(5).
[③] 徐小燕, 张进辅. 情绪智力理论的发展综述[J]. 西南师范大学学报（人文社会科学版）, 2002, 28(6).
[④] Mayer, J. D., Salvoey, P., Caruso, R. Emotional Intelligence: New Ability or Eclectic Traits [J]. American Psychologist, 2008, 63(6).

能准确地知觉到自己和他人的情绪,能利用情绪来促进思维,理解情绪、情绪语言以及情绪传达的信息,管理情绪以达到具体的目标。

在我们所查阅的资料中没有找到专门论述0—3岁婴幼儿情绪智力的文献,在此以"幼儿(young children)"的概念来对0—3岁婴幼儿的情绪智力加以阐述。

根据文献,幼儿的情绪智力可分为图6-6所示的"情绪表达"、"情绪理解"和"情绪管理"三方面[①]。

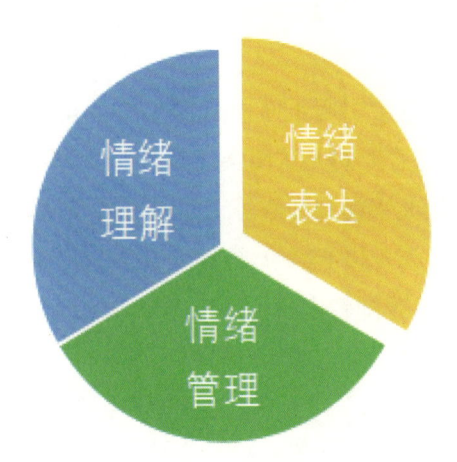

图6-6　幼儿的情绪智力分类

(1) 幼儿的情绪表达

情绪表达指的是人们用来表现情绪的各种方式,主要通过肢体语言和面部表情来表现。其一,通过肢体语言进行情绪表达。幼儿使用肢体语言来表达对社会环境和社会关系的非言语情绪信息,比如,看到自己喜爱和有亲近感的人会扑过去要求拥抱。与此同时,还用肢体语言对别人的情感表现出感同身受的表现,比如,幼儿含泪给受伤的小鸽子涂抹红药水;其二,用表情展现复杂情绪,比如,在一定的社会背景表现出内疚和害羞的表情。

(2) 幼儿的情绪理解

情绪理解是指个体理解情绪的原因和结果以及应用这些信息对自我和他人产生合适情绪反应的能力。情绪理解可分为"对己"和"对人"两类。首先,了解自己的情绪状态。比如,当幼儿想参加游戏却被同伴拒绝时,他能理解到自己是伤心的情绪而非对同伴的愤怒。其次,对他人情绪状态的识别和理解。比如,当幼儿看到爸爸带着微笑回家时就知道他今天的工作很开心,或是看到自己会很高兴。

(3) 幼儿的情绪管理

情绪管理主要指个体能够进行情绪调控,即根据场合与他人的情绪状态调节自己情绪的能力,后面将要详细叙述的"情绪调控"就是属于情绪管理的范畴。具备情绪调控管理能力的幼儿能够在人际交往中,根据具体需要来隐藏或改变自己的情绪反应,即知道利用一些策略去调节情绪。具体体现为:第一,利用中介力量缓解自己的消极情绪。比如,当同伴抢走自己的玩具时,即使是非常伤心的幼儿也往往先从母亲处寻找帮助,而不是立即采用攻击别人的行为。第二,采取适当方法控制情绪过激反应。比如,幼儿在玩追逐游戏的过程中,

---

① Denham, S. A. Emotional Development in Young Children: Foreword by Judy Dunn [M]. New York. The Guilford Press, 1998.

他们可以在自己太过高兴时能及时采用深呼吸等方法来避免自己的大笑不止。第三，在适当的时候调整情绪的体验和表达，比如，幼儿在受到欺负时会做个生气的鬼脸；开心的时候会跟同伴一起哈哈大笑。

#### 2. 理论启发

情绪智力理论给予我们的启发有三点：一是要给婴幼儿提供适当"情绪表达"的机会。情绪表达能力与生俱来，但2—3岁幼儿情绪表达要适度和适宜却是需要逐渐培养的。因此，我们要给2—3岁幼儿提供机会，让他们逐渐学会适当地表达情绪。二是要增强婴幼儿对情绪的理解力。识别别人的情绪，并作出相适应的回应，是2—3岁幼儿获得情绪理解力的重要内容，所以成人需经常给他们展现鲜明的表情，并告知情绪名称，便于2—3岁幼儿理解。三是需让幼儿初尝情绪管理。虽然从严格意义上来说，0—3岁婴幼儿还不具备真正意义的情绪管理，但我们可以未雨绸缪，让2—3岁幼儿初略了解要根据场合，适当控制自己的情绪，比如，当大家都安静坐着的时候不可以大声笑，为将来的情绪管理做好铺垫。

### （四）情绪的发展价值

情绪的发展价值主要体现在帮助婴幼儿在社会生活中的"适应"、"驱动"、"组织"和"交往"四个方面。

#### 1. 促进适应生存

婴儿出生时，还不具备独立的生存能力和言语交际能力，因此刚出生的婴儿主要依赖情绪来传递信息，比如，婴儿饿了会不停地哭泣，吸引母亲来喂奶。他们正是通过这样的情绪表现与成人进行交流，以此得到成人的关注和及时排忧解难，获得社会生存的支持。18个月左右的幼儿已经能够初步识别成人的情绪，在母亲表现得很生气的时候，会通过微笑等行为来抚慰母亲。婴幼儿通过情绪表达来适应社会的需要，以求得生存和发展。

#### 2. 加强内驱力

情绪具有强大的生理和心理内驱力(drive)，也被称为动机功能。这样的内驱力具有放大信号的作用。当婴幼儿在口渴、饥饿或疼痛的时候，生理内驱力会促使他们去呼唤或接近他人来解决生理需求；当婴幼儿感到开心、生气或无趣的时候，心理内驱力就会促使他们寻求他人的关注和交流。由此可见，情绪和情感能够激发婴幼儿的活动，提高他们的活动效率。

#### 3. 帮助协调组织关系

什劳费(Sroufe，1976，1979)认为，情绪作为脑内的一个检测系统，对其他心理活动具有组织的作用。这种作用表现为积极情绪的协调作用和消极情绪的破坏、瓦解作用。当婴幼儿感到开心的时候，他们会积极与周围人互动，也会专注游戏，非常愿意接纳外界的事物；但当他们愤怒生气时会产生攻击性行为，如甩东西、躺在地上打滚等。这些都说明了情绪具有组织婴幼儿行动的功能。研究表明，中等强度的愉快情绪有利于提高认知活动的效果。

#### 4. 强化社会交往能力

在前言语阶段，婴儿与成人相互交流的重要手段就是情绪，在许多场合，婴儿只能通过表情来向他人传递信息，例如，用微笑表示开心、用点头表示同意等。情绪的适应功能也正是通过信号，即情绪的外部表现的表情来实现的。因为表情是思想的信号，表情也是言语交流的重要补充，如手势、语调等能使言语信息表达得更加明确或确定。当婴幼儿向周围人展现微笑时，将会收获一片充满爱意的回应。

### （五）情绪发展的一般特点

0—3岁婴幼儿的行为受情绪的支配和影响，行为中有不少充满强烈的情感色彩。0—3岁婴幼儿情绪的发展有以下特点：

#### 1. 从生物性逐渐向社会性转变

婴儿出生伊始便具有哭、笑等基本情绪表现。这些初生情绪反应基本都是遗传本能，并且与其生理需要是否得到满足具有直接的联系。① 伴随婴幼儿的成长与环境的影响，情绪逐渐具有社会性。6—8个月的婴儿表现出更多的社会性情绪，比如，对主要照看者的依恋及分离焦虑，与此同时也表现出对陌生人的恐惧。18个月的幼儿随着自我意识、交往以及认知的逐渐发展，产生了羞愧、自豪、骄傲、内疚、同情等更高级、更复杂的情感。

#### 2. 自我依据向他人参照社会情绪转化

婴幼儿情绪社会化显著的标志就是从自我意识情绪逐渐转化为他人参照情绪。在社会情景中，个体根据他人对自身或自身行为的评价（包括他人对自己的肯定与否定）所产生的情绪被称为自我意识情绪。婴幼儿在做某件事情时，自我意识情绪的产生可以帮助他们判断与调节自己的行为，从而避免出现令自己或他人不悦的行为。

另一个标志是社会性参照情绪的发生。"社会性参照"指当婴幼儿面临陌生、不能确定的情境时，他们更倾向于从成人的脸上寻找表情线索，然后再作出相应的行为或反应。② 8—10个月时，婴儿情绪的社会性参照就开始出现了。

30个月以后，当幼儿开始理解他人的情绪反应也许与自己不同的时候，社会性参照使他们能够将自己和他人对事件的评估加以比较，帮助其通过信息确定他人内在的心理状态，

---

① 朱小蔓，梅仲荪. 儿童情感发展与教育[M]. 南京：江苏教育出版社，1998：12.
② 汪乃铭，钱峰. 学前心理学[M]. 上海：复旦大学出版社，2005：92，93.

并以此来决定自己的行为。情绪的社会性参照对于提高婴幼儿的生活质量和扩展发展机会有非常重要的作用。

### 3. 从不可控向初步自我控制情绪进化

情绪的自我调节指用以调节自身情绪反应的强度或持续时间,使之达到令人舒适的水平,以便实现自己目标的策略。

情绪的自我调节包括调节自身的积极情绪和消极情绪。在生命最初的几个月中,婴幼儿调节自身情绪状态的能力非常有限,只能通过让身体远离引起不愉快的物体或通过不断吮吸的方式来抑制某些消极的情绪。在接近1岁时,婴幼儿开始学习使用意识控制和自我安慰的方式来调节自身不愉快的情绪,比如,晃动自己的肢体、用嘴咬东西、远离引起不愉快的人或事物。18个月之后,除了上面所提出的几种方法外,他们还会使用冲突解决和行为调节的方式。① 从24个月开始,幼儿便开始使用一些词语来表达情绪,但并不会使用语言来调节自身的情绪,比如,他们感到愤怒时,会说"我生气了",但不会像成人一样说"我不生气了,不能和他们计较"。一直到接近36个月时,幼儿才会谈论自己的情绪,并尝试积极主动地去控制,他们开始利用语言来辅助情绪的自我调节。由此可见,在0—3岁这个阶段,虽然婴幼儿尚没学会真正意义的情绪管理,但是却已具备初步的情绪调控能力。

## 第二节　社会性发展特点和轨迹

婴幼儿社会性发展是指婴幼儿从一个自然人逐渐掌握社会的道德行为规范与社会行为技能,成长为一个社会人的过程。这个过程是在个体与社会群体、儿童集体以及同伴的相互作用、相互影响的过程中实现的。0—3岁婴幼儿的社会性心理发展基础可分为个体和人际互动两个方面。就个体而言,主要是气质和自我意识与自控能力的发展;就人际互动而言,是各种人际关系的发展,主要有亲子关系和同伴关系。在此,将对个体与人际互动两大部分来分别阐述。

### 一、个体发展

如前所言,这部分内容将聚焦婴幼儿的气质、自我意识与自控能力的发展。

---

① 魏炜娜.3岁儿童气质、母亲教养方式与其情绪自我调节的关系研究[D].大连:辽宁师范大学,2012.

(一) 婴幼儿的气质

气质指在情绪反应、活动水平、注意和情绪控制方面所表现出来的稳定的个体差异。① 据此，本节无法和别的章节一样按照婴幼儿的月龄来条分缕析其发展轨迹，只能就气质的特点、类型以及影响因素来分别阐述。

### 1. 气质的特点

气质的特点体现在具有稳定性和预测性两个方面。

(1) 气质的稳定性

俗话说"江山易改，禀性难移"，其所指的就是一个人的个性特质，也即气质是稳定的。但事实上有两种不同的观点分别表明婴幼儿气质具有稳定性和不稳定性。

倾向于"稳定论"的学者认为，气质是人的个性心理特征之一，是个性的一个方面，具有相对的稳定性和持久性。确实有不少研究表明，婴幼儿的气质有长期的稳定性，比如，一个婴幼儿表现出的敏感性、社会交往能力以及害羞程度，几年后甚至到他成年以后都还会保持这种倾向。

倾向于"非稳定论"的学者指出，有些 0—3 岁婴幼儿在初次接受气质评估后与隔段时间再接受评估后的气质有变化，以此说明婴幼儿的气质并非一成不变，只有在那些处于两个极端，即非常内向或非常外向的婴幼儿身上才表现为具有长期稳定性。

这两种观点各执一词，看似矛盾，但实际分析起来却是殊途同归，因为其争执的稳定和非稳定具有相对性。

其一，气质的稳定性与婴幼儿的月龄有关。研究发现，早期的行为更容易被重组而整合成为一个更新、更复杂的系统。因此气质本身会随月龄的增长而变化：例如，刚出生几个月的孩子往往喜欢哭闹，但当孩子能控制自己的情绪时，就会变得安静些；5—10 个月婴儿的气质没有稳定性；从 10 个月以后初具稳定性。这与海尔帕纳（Halpern）用观察的方法得出的 4—8 个月的婴儿不具有稳定性，8—12 个月婴儿的社会积极性开始具有稳定性的结论基本一致。

其二，气质的稳定性与婴幼儿的个性有关。有研究者选择了两种类型的婴儿，一种是内向、害羞、社会退缩型，一种是积极、外向型，从 4 个月观察到 4 岁，在 4 岁时检查气质的稳定性和预测性。结果显示，内向的儿童在此期间内，其气质表现出较低的稳定性和预测性，而外向型儿童则表现出很强的稳定性和预测性。

其三，气质的稳定性结论与研究方法有关。卡拉娜扎（Carranza）通过问卷的方法得出的结果是，婴儿出生 3 个月后，正性情绪和负性情绪就有了中度到高度的稳定性，退缩和恐

---

① Nancy Eisenberg. Handbook of Child Psychology (Sixth Edition) [M]. John Wiley & Sons, Inc, 2006.

惧从 3—4 月开始就表现非常高的稳定性,该研究表明,父母问卷法比观察法得出的婴幼儿气质稳定性要高。即问卷法比观察法具有更高的稳定系数。

总而言之,婴幼儿气质虽然具有一定的稳恒性并具有连续性,但在 0—3 岁婴幼儿心理的发展过程中由于环境的影响,气质也会易于改变[①]。

(2) 气质的预测性

气质对 0—3 岁婴幼儿的社会行为具有重要的预测作用。比如,气质活跃的 0—3 岁婴幼儿就特别善于和小朋友交往,但与不那么活跃的孩子相比,也容易与其他同伴发生冲突,当发生冲突时,情绪敏感、易激动的幼儿更易产生打人、抢夺玩具等行为;而害羞、内向的孩子则更多的是采取阻碍交往的行为。比如,去推他的同伴或很少同他说话;比如,内向而焦虑水平较高的孩子,做错事之后会感到深深的自责,对他人也有强烈的责任感;再如,易怒的、冲动的婴幼儿成人后可能有更多的攻击性行为。

2. 气质的类型

托马斯(Thomas)和切斯(Ches)通过对父母的访谈,得到婴幼儿在九个维度上的信息,提出了"九维模型",详见表 6-3。

表 6-3　托马斯和切斯的气质分类模式及程度

| 名称 | 表现 |
| --- | --- |
| 活跃水平 | 从活跃到不活跃的比例分配。从很活跃到很不活跃。 |
| 节奏性 | 身体机能的规律性。睡眠、伙食和身体内部功能从很规律到不规律。 |
| 注意力不集中 | 环境刺激对行为的改变程度。从很能接受安抚到拒不接受。 |
| 接近/退缩 | 面对新的人或事物的反应。从乐意接受到拒绝接受。 |
| 适应性 | 对环境变化的适应自如度。从即刻适应到很难适应。 |
| 注意周期和坚持性 | 在一项活动上投入的时间长度和控制分心的努力。从专注坚持到分散放弃。 |
| 反应的紧张度 | 反应的紧张程度和能量水平。从大声哭笑到温和反应。 |
| 反应的最低限度 | 能引起反应的最低刺激度。对微弱变化反应强烈到很小。 |
| 情绪品质 | 将积极行为与消极行为作比较。从时常会笑到非常哭闹。 |

在表 6-3 的基础上,托马斯和切斯用聚类分析的方法归纳出"易养型"、"难养型"以及"慢热型"三类婴幼儿。

---

① 曹爱华,王贵菊,王玉玮. 儿童气质研究进展[J]. 中国儿童保健杂志,2006,(02).

第一类是"易养型"儿童(easy child)。大约有40%非常容易适应环境的婴幼儿属于这种类型。他们很快建立起生活常规,大多乐观,对新事物适应得很快。

第二类是"难养型"儿童(difficult child)。约10%的婴幼儿属于这种难适应环境的类型。这些婴幼儿日常生活没有规律,对新环境适应很慢,且反应消极、紧张。

第三类是"慢热型"儿童(slow-to-warm-up child)。约15%的婴幼儿属于这种慢慢适应环境变化的类型。这些婴幼儿活动水平不活跃,对环境刺激采取温和低调的反应,情绪消极,对新环境适应较慢。

需要注意的是有35%的婴幼儿不属于其中的任何一类。他们表现出独特的混合型气质特征。在以上三类中,"难养型"儿童类型最能激起研究者的兴趣,因为他们容易出现更多的适应问题。在一项纵向研究中发现,约70%的幼儿在学龄期出现了难以适应环境的行为问题,而属于"易养型"儿童发生此类问题的只有18%。另一项纵向研究结果表明,"难养型"儿童在学龄期更容易出现焦虑退缩或是侵犯行为。与"难养型"儿童不同的是,"慢热型"儿童进入学龄期后和同龄人在一起时,例如,新的环境要求他们更活跃和敏捷时,50%的这类儿童遇到了适应困难问题,比如,表现出极端胆小等行为。

除了托马斯和切斯对气质的分类模式外,还有玛丽·罗斯巴特(Mary Rothbart)的气质模式,见表6-4。

表6-3　玛丽·罗斯巴特的气质分类

| 活跃水平 | 总体神经活跃程度 |
| --- | --- |
| 节奏性 | 身体机能的规律性,如入睡、醒来、饮食和排泄。 |
| 不受干扰的坚持力 | 注意集中的时间和兴趣。 |
| 恐惧焦虑 | 对紧张事物和新刺激的警惕和痛苦反应,包括对新环境的适应程度。 |
| 急躁焦虑 | 当期望落空时不安、哭闹和焦虑。 |
| 积极影响 | 幸福、愉快表情的频率。 |

罗斯巴特的系统与托马斯和切斯的分类有交叉,如"注意力不集中"与"注意周期和坚持性"被认为是同一维度的相反极端,被称为"注意周期和坚持性",但更为简洁。

### 3. 影响因素

影响0—3岁婴幼儿气质形成的影响因素主要有遗传和环境两大因素。

(1) 遗传

近年来,很多研究亲属关系的心理学家试图找出遗传在多大程度上影响气质和人格。

这样的实验大多以同卵或异卵双胞胎为研究对象。大量研究表明,同卵双胞胎比异卵双胞胎在气质特征方面(活跃水平、社交性、害羞程度、对限制表现出的痛苦、情绪反应紧张度、注意周期和忍耐度)和人格测量方面(内向性、外向性、焦虑、愉悦性和冲动性)表现出更多的共同点。但是,双胞胎的气质和人格远不及他们的智力那么相似。双生子的多项研究表明,同卵双生子的气质相关程度明显大于异卵双生子,其相关系数分别为 0.76 和 0.56($P<0.01$)。[1] 另外有一些研究发现,同卵双生子在气质的很多方面都比异卵双生子更加相似。在对遗传度的估计上各研究结果未能取得一致,但基本在 20%—60% 范围内,这意味着人类气质的 20%—60% 由遗传决定。

(2) 环境

影响 0—3 岁婴幼儿气质形成的环境主要有母体、家庭以及文化三个方面。

母体环境。母亲孕期及产后情绪愉快则婴儿生活规律、多为易养型,相反,若母亲焦虑抑郁,则婴儿生活无规律、困难型几率增多。母亲孕期抑郁和焦虑与婴儿期注意力分散和难养行为有关。[2] 母亲有产后抑郁的婴儿气质类型更偏近于难养型。母亲抑郁导致婴儿气质困难,而婴儿气质困难也可能加重母亲抑郁,他们之间存在相互作用的关系。产后抑郁母亲的婴儿活动水平低,情绪反应强烈、心境消极、坚持度和生活规律性差,对外部的环境和陌生人表现退缩,环境改变后不能适应或适应缓慢,这样的婴儿使抑郁的母亲更加抑郁。

家庭环境。由亚历山大·托马斯(Alexander Thomas)、斯泰拉·切斯(Stella Chess)始于 1956 年的纽约纵向研究是最全面的气质研究,也是第一次提供了有影响力的气质研究模式。他们对 141 例从新生儿到成人阶段做了追踪研究,其结果表明,气质并不是一成不变的,父母教养方式对孩子气质类别的塑造起着重要作用。还有研究表明,早年的冲动性和不适当的父母教养方式,与成年后的违法以及侵犯性行为之间有极大的联系。儿童的气质类型引起父母的回应,而这些回应反过来又影响孩子气质和个性的发展。其他家庭因素,如家庭的紧张气氛、孩子的教养方式等对孩子性格的发展也起着重要作用。

父母亲性格特点、文化水平、家庭结构、经济情况和父母的教养方式等家庭因素对儿童气质均有影响。父母的文化水平影响儿童的气质。有研究显示,母亲学历越高,儿童气质愈偏向易养型、中间偏易养型。不论母亲的受教育水平高低,在抚养和教育子女时都会尽最大努力,但是受教育水平高的母亲对儿童的情绪更为敏感,并随之调整自己与婴儿之间的活动。而低学历的母亲与婴儿之间的活动更取决于自己的养育态度。父母承担社会文化的第一代理人,不仅为儿童社会化提供了模仿的榜样,而且还承担着终身教育和全方位培养。他

---

[1] 郭贞美. 气质与多巴胺受体基因[J]. 中国儿童保健杂志,2001,(05):332—334.
[2] Meike J, Westberg L, Nilsson S, et al. A Polymorphism in the Serotonin Receptor 3A (HTR3A) Gene and its Association with Harm Avoidance in Women [J]. Arch Gen Psychiatry, 2003,60(10):1017-1023.

们既是孩子情感需要的安慰者和支持者,而且还是其发展的教育者和指导者。

大量研究证明,家庭离异可引起儿童气质各维度比重的改变,儿童较容易产生自卑、冷漠、孤僻、怯懦、焦虑、粗暴等不良情绪,从而影响其性格特征的变化,甚至引起青少年时期发生犯罪行为。父母关系融洽,会给孩子提供一个安全、舒适的环境,孩子会得到更多的关心、照顾和爱护,有利于儿童气质及个性的发展。[①]

另外,同胞兄弟姐妹很大程度上也影响着气质的发展。再者,随着年龄增长,同胞间会积极地寻找相互间的差异。表6-5还显示了婴幼儿气质与兄弟姐妹的关系。

表6-5 气质、个性和家族关系的相关

| 家族同胞 | 婴儿期的气质 | 儿童期和成人期的个性 |
| --- | --- | --- |
| 一起长大的同卵双胞胎 | 0.36 | 0.52 |
| 一起长大的异卵双胞胎 | 0.18 | 0.25 |
| 一起长大的同胞兄弟姐妹 | 0.18 | 0.20 |
| 非同胞姐妹(收养的孩子) | -0.03 | 0.05 |

从表6-5可见,同卵双胞胎的气质相关系数最大,说明他们的气质相似度最高,异卵双胞胎与同胞兄弟姐妹的相似度虽然不高,但与自己在成年时的个性有一定的相关。但非同胞姐妹间的气质几乎没相关。诚如罗伊丝·霍夫曼(Rouis Hoffman)指出,我们必须看到气质和人格是不同因素的综合结果。

<u>文化环境</u>。儿童的早期气质中存在一种恒定的种族间差异。同高加索人的婴儿相比,中国和日本的婴儿更安静,更容易被安慰和安静下来。尽管这些不同可能有其生物基础,但教养上的文化差异加深了这种差异。根据相关研究发现,亚洲母亲的抚慰动作温柔,会同她们的婴儿打手势交流,而高加索母亲则更倾向于使用活跃的语言刺激的方法——这些早期的行为就形成了孩子气质的差异。

(3)"拟合优度"论

托马斯和切斯提出用"拟合优度"论来描述气质和环境因素的共同作用。所谓的"拟合优度"(goodness of fit)指父母的教养方式与儿童的气质特点相匹配。匹配度高就称为有拟合优度,反之,父母的养育方式和孩子气质的不一致,就被称为"拟合劣化"。比如,母亲属于生活很有规律的人,但宝宝属于困难型气质。母亲就会想方设法建立一种秩序,按时给孩子

---

[①] 胡良英,胡利人,周旋,王燕妮. 儿童气质影响因素的研究现状[J]. 医学信息(上旬刊),2011,24(06):3621—3623.

喂奶,让孩子按时睡觉等,但孩子没有这种节律,这势必会使母子之间出现很多冲突。反过来也一样,如果孩子是有节律的,而父母没有,也会引发亲子关系的不和谐。再如,生性好动、活动水平高的孩子,父母过多的干预则可能抑制他的探索行为。父母只要积极正面地教养孩子,为孩子创造一个愉快、稳定的家庭环境,婴幼儿期的适应障碍就会随着年龄的增长而降低。对于一个退缩、害羞的儿童来说,如果母亲能够经常提问、耐心启发、引导孩子观察,有目的性地促进儿童的探索行为,就可以帮助孩子克服气质中的不足之处。

气质与父母教养方式的拟合优度模型提示我们:气质无好坏之分。父母所要做的就是提供适合儿童发展的成长环境,给他们成长的力量,帮助他们迎接成长的挑战。

### (二) 自我意识与控制

个体自我发展还涵盖了自我意识和自我控制两个方面。下面将对各月龄段婴幼儿自我意识和自我控制的发展轨迹进行阐述。

#### 1. 自我意识的发展轨迹

自我意识是人对自己身心状态及对自己同客观世界的关系的意识,包括认识自己的生理状况、心理特征以及自己与他人的关系等。在此,将分别0—3岁婴幼儿的自我意识发展进行介绍与分析。

(1) 0—3个月婴儿的"主体自我"意识萌芽

所谓的"主体自我"就是源于生理需求等而产生的本能性自我,例如,当饥饿感袭来时,婴儿会通过哭来传递自己的需要,这个时候"我"就成为动作发出的主体,婴儿的自我意识由此产生,这是英语中主格"I"的"我",0—3个月的婴儿就处于这种"主体自我"意识的萌芽阶段。他们会通过"反射图式",即由遗传获得的反应是个体适应环境最原始的、未分化的图式,例如,通过吮指和挥舞手臂等不断重复的肢体动作来获得自我快感。

(2) 4—6个月婴儿的"主体自我"意识深化

该月龄段婴儿的"主体自我"意识深化体现在三个方面:感知层面提升、对呼唤自己的初步感知以及初步辨析自己。

随着月龄的增长,婴儿的"主体自我"已从纯粹的生理层面逐渐向心理层面深化。从5—6个月开始,婴儿不仅仅通过吃喝拉撒等生理需要和反射性动作图式来感知自我,而且还开始通过发出的喃语或口头语音游戏来感知自我。当别人呼唤自己的名字时,他们略有反应,会尝试寻找声源并对发出声音的地方有几秒钟的注视。

他们会更多关注自己的静态影像。把4个月的婴儿放到镜子面前,并轻敲镜面吸引他的注意时,他会注视自己在镜中的影像,还会对着影像微笑并对镜子中的自己发出"叽叽咕咕"的声音。

如图 6-7 所示，4 个月的婴儿照镜子时，能注视镜子里的自我影像。

(3) 7—9 个月婴儿"主体自我"意识行动化

7—9 个月婴儿的"主体自我"意识发展主要表现在更多的自发探索行为。他们吃东西时喜欢自己用手拿东西，喜欢自己用勺子往嘴里喂食物，喜欢自己操作玩具，喜欢自己翻书，喜欢自己穿脱袜子。

如图 6-8 显示，9 个月婴儿喜欢自己"穿"袜子，并且乐此不疲。

(4) 10—12 个月婴儿"主体自我"意识增添"独立"色彩

10—12 个月婴儿的"主体自我"意识发展主要表现在开始有自己的意愿并喜欢根据自己的意愿行事。伴随精细动作的发展，10—12 个月的婴儿开始尝试自己用勺子吃饭、自己拿杯子喝水、自己要脱掉袜子和衣服。这个月龄段的婴儿处在反抗前期。

图 6-9 显示，婴儿喜欢自己端着碗吃饭，如果成人不给他碗，还会哭闹。

图 6-7　4 个月婴儿看镜子里的"我"[1]

图 6-8　自己"穿"袜子的 9 个月婴儿[2]

图 6-9　自己端起饭碗吃饭的 12 个月婴儿

自我意志的萌芽，一方面使 10—12 个月婴儿更加热衷于对周围世界的探索和表达自我，同时当自我意志被限制时，他们也会以强烈的方式，如发脾气、哭闹等形式发泄不满。

---

[1] 图片来源：视觉中国。
[2] 图 6-8 到图 6-12，图 6-14，图 6-15，图 6-17，图 6-18，图 6-20 均由刘炜彤提供。

在图6-10,当成人把婴儿玩具瓶里的东西拿出来时,12个月的婴儿就哇哇大哭。

(5) 13—18个月幼儿"客体自我"意识萌芽

所谓的"客体自我"指个体在人际关系中,通过别人对自己的行为反应或对自己的印象和评价所形成的自我概念和自我意识。比如,当一个15个月的幼儿看到爸爸总是对自己笑,会来抱自己,还经常夸自己是"好宝宝",他就会形成"我是好宝宝"的自我意识。13—18个月的幼儿一边继续着"主体自我"的意识发展,与此同时开启了"客体自我"意识的发展之旅。

图6-10 用哭来表达不满的12个月婴儿

13—18个月幼儿的"主体自我"与"客体自我"意识共同发展的表现特点是对物体所有权的意识增强、更具独立性和更喜欢独立探索。

由于分不清自我与他人的物品所有权,这个月龄段的幼儿对所有的物品都有强烈的占有欲,什么东西都想抓在自己的手里。与此同时,自我主张更加强烈。如果照护者的要求与自己的想法不符,他们就会以自己喜欢的方式反抗。比如,照护者不让玩玩具,他们就哭闹甚至拍打成人。

自我意识发展还表现在更强的独立性,这一阶段的幼儿更喜欢尝试自己穿脱衣服、自己吃饭、自己抱着奶瓶喝奶,自己选择玩具。对于新鲜的物品,他们喜欢通过敲、摸、拍打等方式探索,如拧开瓶盖、把手伸进瓶子等。

(6) 19—24个月幼儿用肢体语言或简单言语表达自我意识

尚处于"前言语"阶段,即还不能用口头言语表达的19—24个月幼儿,他们会借助肢体或表情语言来表达"这就是我"的意识。比如,能通过看镜子中的"我",擦去涂在自己额上的红点;对镜子中的"我"有长达几秒的注视甚至微笑,似乎表明,他们已能够认识到这是自己在镜子中的形象。

那些已脱离"前言语"阶段的幼儿,则开始用非常简单的语词来表达自我意识。比如,问"谁是宝宝",他会指指自己,甚至能够用自己的名字表达自己的需求,如"丁丁喝水"、"丁丁饿"。

(7) 25—30个月幼儿自我主张增强

"人小鬼大"主要指25—30个月幼儿的自我意识迅速发展,有了更明晰和强烈的自我主张,这主要体现在"自我中心"性高,最喜欢说"不"、占有欲增强、主动用言语和动作从他人那里拿取自己想要的东西。

**"自我中心"性高**。25—30个月的幼儿心理发展处于"自我中心"阶段,即仅依靠其自身的视角来感知世界,不能意识到他人可能具有不同视角和观点的倾向性。在这个阶段,他们挂在嘴边的最常见的词就是说"不"。与1岁前相比,幼儿此时的反抗行为较为不同,前者是在因为不理解成人的话的情况下进行独立探索时出现的,25—30个月的幼儿已经能够理解成人的话,他们的反抗行为只是为了展示自己的能力。这个月龄段,即使不爱活动的幼儿也不会老实待着不动。

图6-11显示的就是不听成人劝说,一定要自我主张拿拖把进行"劳动"的2岁幼儿情形。

**"物权意识"开始清晰**。所谓"物权意识"就是认识到这个东西是归属给谁的意识。虽然1岁左右幼儿开始萌芽"物权意识",但到了2岁以后幼儿才清晰地区分自己和他人的东西,但由于"自我中心"性高,一般情况下他们会把别人的东西也"归为己有"并且尽力证明自己拥有这些东西,东西不会随便给别人。幼儿的自我意识越强,对东西的占有欲就越强,他人很难从其手中拿走"他/她的东西"。

图6-12显示了30个月幼儿因害怕别人拿走属于自己的整理箱,赶紧把它抱走的情景。

图6-11 自己拿拖把"劳动"的2岁幼儿

图6-12 抱走"属于自己"的整理箱的30个月幼儿

这个月龄段的幼儿还能够主动用言语和动作去他人那里拿取自己想要的东西,例如,当看到成人拿着餐点,他们会跑过去说"要"。

(8) 31—36个月幼儿全方位提升了自我意识水平

31—36个月婴儿的自我意识水平全方位提升主要体现在知道自己的姓名和物品、理解自己和别人的性别、分辨物品的所有权、出现自我评价等方面。

幼儿能够说出自己的姓名,知道自己的大名和乳名。如果别人问这是谁的东西,幼儿还会说这是"我"的东西。

幼儿开始理解自己的性别,甚至能够准确说出自己的性别。

幼儿会给自己正面的评语。当成人问及"哪个宝宝最乖"时,幼儿会拍拍自己说"我最乖";问你和小红谁更漂亮,幼儿会说"我漂亮"。

#### 2. 自我控制的发展轨迹

自我控制指个体所具备的自主调节行为并使其与个人价值和社会期望相匹配的能力,它可以引发或制止特定的行为,如表现为抑制冲动行为、延迟满足等适应社会情境的行为。

从严格意义上说,0—3岁婴幼儿还不具备自我控制的能力,但他们也会经历从完全无自控能力到逐渐产生自控能力萌芽的历程。

由于0—3个月婴儿还全然没有自我控制能力,在此将分别对6—36个月婴幼儿的自我控制发展轨迹进行阐述。

(1) 6—12个月婴儿具有极微弱的自我控制体验

该月龄段婴儿主要通过主动使用动作对物品施加影响、作出重复的动作,比如,摇动摇铃、抓握玩具等来获得极微弱的自我控制体验。

如图6-13所示,6个月婴儿手握玩具,这个动作让婴儿意识到自己可以使用动作对外物施加影响,通过这一动作来获得微弱的自我控制感。

(2) 13—18个月幼儿"他律性"自我控制萌芽

13—18个月幼儿通过服从成人指令,萌芽了基于他律,即来自外界约束的自我控制能力。随着言语理解能力的增强,13—18个月幼儿可以理解父母的简单指令,当父母用言语、表情和动作给孩子设立一些"禁区",如不要碰开水壶,父母的及时制止和反复指导会让婴儿明白并控制自己不去做,他们中的大多数人可以控制自己不去碰开水壶。他们的自控能力由此得到发展。

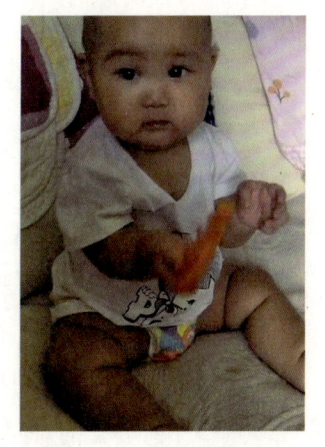

图6-13 6个月婴儿手握玩具①

(3) 19—24个月幼儿"他律性延迟满足"的自我控制萌芽

所谓"延迟满足",指一种甘愿为更有价值的中长期结果而放弃即时满足的抉择取向以及在等待期中展示的自我控制能力。由于19—24个月幼儿尚无价值判断能力,他们的延迟

---

① 图片由乔娜提供。

满足基本都来自成人的故意推迟,在此称为"他律性延迟满足"。19—24个月幼儿正是通过这种"他律性延迟满足"逐渐学会自我控制。例如,成人呈现他们特别喜欢吃的热面条,用言语说明"太烫了,等等啊"或转移注意,让他们先用玩具游戏等,能使19—24个月幼儿通过延迟满足逐步获得自我控制的能力。

(4) 25—36个月幼儿"自律性"自我控制萌芽

"自律性"自我控制,是指通过价值判断和意志力对自身行为进行控制的情况。2岁以后的幼儿开始产生这种自律性自我控制。例如,当照护者告知他们"现在我们不吃东西,就可以到外面去玩",部分幼儿就会因为可以到外面玩而抑制吃东西的愿望;那些进入托育机构的24—36个月幼儿,会服从老师"我们先不玩,等老师讲完故事后再来玩"的指令,靠自身意志来遵守规则,对自身行为进行一定的控制。

## 二、人际互动发展

0—3岁婴幼儿社会性中的人际互动发展体现在亲子关系和同伴关系两方面。亲子关系主要包括父母与其子女间的亲子关系,同伴关系包括和同龄的个体间在交往过程中建立和发展起来的关系。在此将聚焦0—3岁婴幼儿在这两种关系中的发展以及来自家庭、机构和文化三方面的影响因素进行阐释。

### (一) 在社会关系中的发展轨迹

根据社会生态理论,家庭中的亲子关系和社区或托育机构中的同伴关系对0—3岁婴幼儿的心理发展产生的作用最直接和显著。

#### 1. 在亲子关系中的发展轨迹

亲子关系是婴幼儿呱呱坠地后最先经历的关系,也是奠定他们人生发展最重要的基础。因此,聚焦0—3岁婴幼儿在亲子关系中的发展轨迹有着重要意义。

(1) 0—3个月婴儿对照护者处于"泛化依恋"

0—3个月婴儿的对照护者处于泛化的前依恋行为阶段。正如"认知"发展这一章节曾言及的,"泛化依恋"是指没有确定的依恋对象。因为0—3个月婴儿没有达到面孔认知水平,对自己的照护者无法形成真正意义上的依恋,因此在亲子关系中还没有特定的依恋对象,亲子之间主要是情绪表达。婴儿借助生理性微笑和哭泣向成人传递自己的生理需求,还借助一些简单的如挥动手臂等简单的回应行为,来与父母建立最初的亲子关系。

(2) 4—6个月婴儿初步形成对照护者依恋

4—6个月婴儿伴随着认知能力的增强,开始分辨熟悉的人和陌生人,对一直照护自己的照护者有了明显的喜爱,最喜欢跟父母或其他照料者在一起。与此同时,对照护者的声音产生敏感,听到他们的声音会很高兴。

4—6个月婴儿的眼睛经常会跟随照护者移动,被抱时会紧紧趴在这人的身上。这就是所谓的"形成中的依恋"行为。由此,确立了初步的依恋对象。这个时期是巩固父母与婴儿间亲密关系的关键时期。婴儿喜欢亲近父母,害怕陌生人,但父母的离开还不会引起他们的强烈不安。6个月末的时候,婴儿会初步表现出与父母的分离焦虑,表明对照护者产生了依恋。

(3) 7—12个月婴儿对照护者产生真正依恋

7—12个月婴儿处于依恋逐渐明确阶段,真正的亲子依恋正在形成。当自己依恋的成人在身边时,他们会表现得很安心和愉悦,有更多的自主探索行为,而一旦自己依恋的成人离开时,则表现出不安和烦躁,气质属于困难型的婴儿还会大哭或狂哭不止。

如图6-14显示的是,12个月婴儿当妈妈离开时表现出的情绪不安的情景。

(4) 13—18个月幼儿对照护者强烈依恋

相较于前几个月龄段,13—18个月幼儿对照护者表现出强烈的依恋。他们会通过伸手接近、抓住或爬行跟随照护者等方式表现出强烈的依恋。他们总是不自觉地寻找照护者,若照护者在视线中消失了,就会变得更加不安起来。

图6-14 妈妈离开时表现不安的12个月婴儿

图6-15 伸手接近来吸引母亲注意的幼儿

(5) 19—24个月幼儿开始对照护者不顺从

19—24个月幼儿因为自我意识的增强,一改前几个月龄段对照护者一味依恋和顺从的状况,开始出现不顺从照护者指令的情况,例如,当妈妈再三要求"不要碰玩具",这个月龄段的幼儿可能会充耳不闻,继续去碰自己心仪的玩具。

(6) 25—36个月幼儿对照护者产生多面性反应

25—36个月幼儿在亲子关系的发展中出现了多面性反应。

模仿与反抗并存。25—36个月幼儿既有对照护者模仿,又有对他们的"反抗"。由于与照护者朝夕相处,25—36个月幼儿热衷于模仿照护者,比如,看见妈妈拿着拖把拖地,他们便会拿起小拖把装模作样地拖地。与此同时,2岁以后的幼儿由于自我意识的进一步增强,他们喜欢对

第六章 0—3岁婴幼儿社会性-情绪发展的基础知识

照护者说"不",故意唱反调,进入了第一反抗期。由此常令照护者感到头疼不已。

**感同身受的移情产生**。伴随着对他人情绪理解水平的提升,25—36个月的幼儿社会性移情能力萌发,比如,当他们看到照护者表现出痛苦时,他们会感同身受,甚至试着去安慰。

如图6-16所示,这位33个月幼儿看到妈妈伤心的时候,会因移情而产生抚摸妈妈的行为。该月龄段幼儿安慰照护者的方式除了抚摸,还有拍、亲和抱等。

**出现"改变目标的依恋关系"**。25—36个月幼儿在亲子关系发展处于"改变目标的依恋关系"。所谓"改变目标的依恋关系",指幼儿不再以吸引照护者关注、对自己实施生活照顾为唯一目的,而是以理解推测照护者的行为并作出相应的行为,来维持亲子间的依恋关系为目的。接近3岁的时候,幼儿不再只一味粘着照护者,而是开始站在照护者的观点对他们的行为作出推断,比如,当妈妈开门就知道妈妈要出去,这时幼儿可能会扑向妈妈,拉着妈妈的衣角不让妈妈出去;当幼儿在乱扔玩具的时候,听到爸爸提高音量说话,就知道爸爸生气了,因而停止自己的举动,以此加强对照护者的依恋。

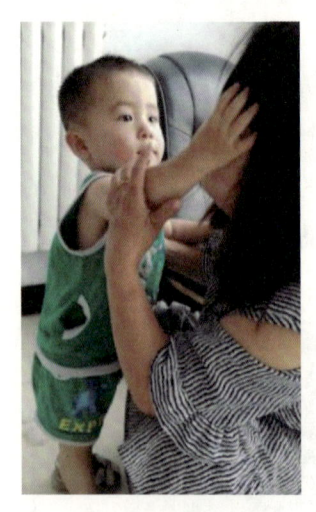

图6-16 尝试安慰妈妈的33个月幼儿①

2. 在同伴关系中的心理发展轨迹

同伴关系,在此既指同龄的伙伴关系,也指相差几岁的异龄同伴关系。与同年代的伙伴相处之道,会最直接地影响0—3岁婴幼儿未来社会性发展。聚焦他们在同伴关系中的发展,其重要性自不待言。因0—6个月婴儿的同伴意识处于极朦胧的萌芽状态,因此我们将分7—12个月、13—24个月以及25—36个月这三个月龄段来归纳婴幼儿在同伴关系中的发展轨迹。

(1) 7—12个月婴儿萌发极初步的同伴意识

7—12个月的婴儿有极初步的同伴意识,这种意识主要体现在两个方面,一是从言行举止中表现出兴趣,二是以玩具为媒介建立共同游戏基础。

首先,言行举止中表现出兴趣。当听到现实或电视中有儿童的声音时,7—9个月婴儿会扭头寻找,看到同伴时会有更多的眼神关注,有时还会面露笑容,甚至伸手触摸同伴,主动对同伴表示友好。

其次,以玩具为媒介建立共同游戏基础。10—12个月的婴儿与同伴在一起时的交流不仅有触摸和微笑,而且还出现了对物品的共同注意,他们会在同一时间里一起注意看或玩某

---

① 图6-16,图6-19均由张盛阳提供。

个玩具及一些小物体。

图6-17显示了12个月婴儿与同伴一起对小玩具的共同注意,这种共同注意构成了10—12个月婴儿与同伴游戏的基础,但他们只是关注玩具本身,而没能进行真正意义的合作游戏。

(2) 13—24个月幼儿与同伴以肢体和物体为中心交往,产生"工具性冲突"

以肢体为中心的交往。13—24个月幼儿随着粗大动作和精细动作的发展,他们喜欢用自己的肢体语言来进行同伴交往,如碰头、轮流拍球、藏猫猫、扔球等。

图6-18是两个2岁的幼儿通过头碰头来进行同伴交往的情景。

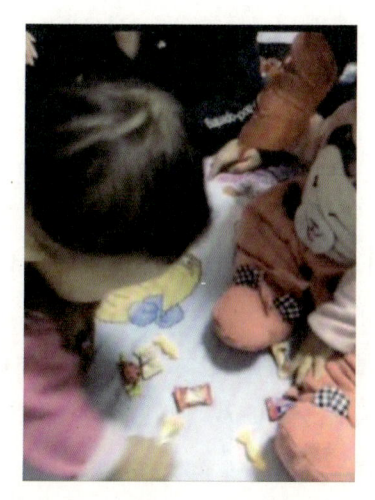

图6-17 与同伴共同注视玩具的12个月婴儿

图6-18 和同伴头碰头的2岁幼儿

以物体为中心的交往。13—24个月的幼儿主要通过玩具等物体与同伴交往,相较于7—12个月婴儿,他们通过玩具等物体与同伴交往的水平有所提高,即在社会性游戏中出现了同伴间的合作行为。

如图6-19所示,幼儿在游戏中会给同伴递石子。这种合作游戏之所以能够萌芽,是因为24个月左右的幼儿会对他人行为作出反应,比如,接过对方递过来的玩具并对对方微笑。通过初步的合作游戏,该月龄段的幼儿得以维持同伴交往。

工具性冲突的发生。所谓的"工具性冲突"是指为了争夺玩具等而产生的抢夺等冲突。13—24个月幼儿虽已萌芽了所有权的意识,但他们无法分清哪些玩具属于自己,哪些玩具属于伙伴,所以在与同伴交往时,他们会将所有的玩具归为己有,为此常常发生为争夺玩具而咬人、拍打对方等冲突行为。

图6-20呈现的是一个18个月的幼儿随意拿另一个幼儿水壶的场景。

图 6-19　给同伴递石子的 2 岁幼儿 　　图 6-20　随意拿另一个幼儿水壶的 18 个月幼儿

（3）25—36 个月幼儿能与同伴进行真正互动，产生"所有权意识驱使"冲突

与同伴有真正意义的社会互动体现在能进行合作游戏、因移情而产生的安慰同伴行为以及产生亲疏有别的玩伴。

合作性装扮游戏的产生。随着延迟模仿能力的发展和心理表征水平的提升，25—36 个月的幼儿在与同伴一起游戏时，开始出现了分工合作行为。

以图 6-21 显示的装扮游戏为例，两个 30 个月的幼儿在"过家家"的游戏中，一个给宝宝喂奶，另一个幼儿给宝宝晾衣服，虽然看起来没有在一起游戏，但她们共同聚焦的就是照料洋娃娃的具体事情，应该说已具备合作游戏的元素。

因移情而产生的安慰帮助同伴行为。对他人情绪的理解能力提升后，25—36 个月幼儿产生了"快乐着同伴的快乐，悲伤着同伴的悲伤"的社会性移情能力。如图 6-22 所示，36 个

图 6-21　30 个月的幼儿在装扮游戏中的合作[①] 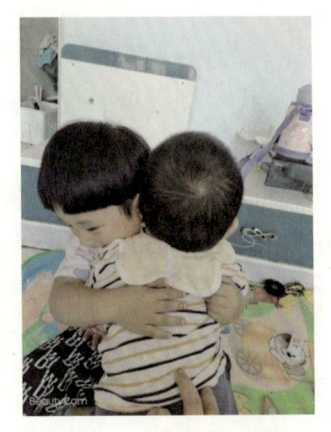　　图 6-22　通过拥抱安慰同伴的 36 个月幼儿[②]

---

① 图片来源：http://www.amazon.com/dp/BOOMYWFC46? ref=ast sto dp.
② 由刘炜彤和刘帆提供。

月的幼儿会通过拥抱来安慰同伴。该月龄段幼儿除了动作，还会尝试用言语来表示自己的同情和安慰，例如，安慰同伴"不哭"。

**所有权意识引发的冲突**。从 2 岁开始，幼儿与同伴的冲突与 13—24 个月幼儿的同伴间冲突相比，性质和数量都有明显不同。从性质来看，主要是关乎物品所有权和使用权的问题。因为 25 个月以后，幼儿"这是我的"物权意识逐渐清晰，但他们会认为所有的物权都归自己，彼此的互不相让便构成日渐频繁的同伴冲突。图 6-23 呈现的是幼儿受物权意识驱动而产生的抢同伴玩具的情景。

这时在他们冲突之际也会自然产生一些规则，比如，较为初级的"优势规则"，即身强力壮的幼儿常常在冲突中取胜。

**产生亲疏有别的玩伴**。31—36 个月幼儿同伴关系中有一个较为突出的转变，就是在原来的一视同仁的同伴关系中渐渐出现了亲疏有别的同伴，部分幼儿会建立起较为稳定的同伴关系，他们有了比较要好的三五个玩伴，知道去找哪个同伴一起玩，觉得跟这个同伴在一起时会更开心。

图 6-23 为了"这是我的"玩具而抢夺的幼儿①

那些受欢迎的幼儿会具有更多的稳定同伴，因为他们会使用非侵犯行为发起互动，如递玩具、拉拉手等，并且对于其他幼儿对自己发起的互动行为，能够作出反应。而不受欢迎的幼儿则比较缺乏稳定的同伴，因为他们会采用更多的抢东西等侵犯行为来进行互动。

### （二）影响婴幼儿社会性发展的因素

儿童社会性发展是一个长期的过程，是各种因素综合发展的结果，0—3 岁婴幼儿社会性发展主要受到家庭、机构和文化的影响。

#### 1. 家长教养方式的影响

家庭是个体出生后最先接触到的环境，是对 0—3 岁婴幼儿影响最早、影响时间最长的环境。0—3 岁婴幼儿处于人格形成的关键时期，他们主要是在家庭中度过，因此，家庭环境对于他们人格的发展具有特别重要的意义。

家庭对于 0—3 岁婴幼儿的影响来自多个方面，这其中包括父母本身的个性特点、父母的教养观念和教养方式、亲子之间形成的依恋、家庭的完整性以及家庭的社会经济地位、所处的社区氛围、家庭空间的大小、环境的布置等。限于篇幅，在此我们只着重分析家长的教

---

① 图片由吴琼提供。

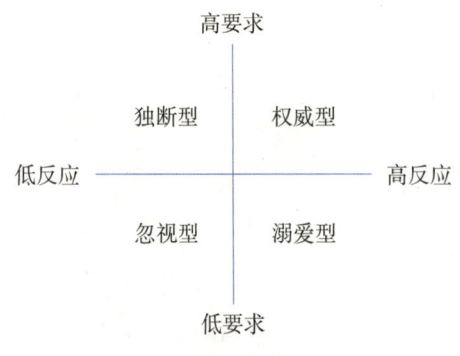

```
           高要求
            |
  独断型   |   权威型
           |
低反应 ————+———— 高反应
           |
  忽视型   |   溺爱型
           |
           低要求
```

图 6-24 四种家长教养方式的坐标图

养方式对 0—3 岁婴幼儿社会性发展所给予的影响。

美国著名的儿童心理学家麦考比（Maccoby）和马丁（Martin）概括出了家长教养方式有四种主要类型，即权威性、独断型、娇纵型和忽视型。

为便于大家理解，我们根据麦考比等人的言论，将四种家庭的家长教养方式定位用坐标方式呈现出来，见图 6-24。

**权威型教养方式**。持有这类教养方式的父母对孩子的各方面发展都提出了高要求，但对孩子的各种需求也能给予积极的反应。他们的态度比较乐观积极，能尊重孩子，对孩子的不良行为和习惯能直接指出并矫正。这种高要求、情感上偏于接纳和温暖的教养方式，对 0—3 岁婴幼儿的社会性发展带来积极影响，这种环境下成长的婴幼儿多数都会有良好的生活习惯和基本的规则意识。在其今后的成长过程中，会有自立性强，善于通过探索解决问题，乐意与人交往，对人友好等发展特征。

**独断型教养方式**。持有这类教养方式的家长虽然也对孩子提出高要求，也属于高控制，但对孩子的需要不管不顾。时常表现出对孩子缺乏热情，偏向于拒绝否定孩子，很少考虑孩子的想法和感受，只是一味地让孩子无条件地执行各种规矩和要求，一旦不如他们的意必将严厉惩罚，对孩子缺少耐心与交流。这种方式下成长的 0—3 岁婴幼儿大多缺乏自信，主动性较差，胆怯心理较重，不善与人交往。

**溺爱型教养方式**。持有这类教养方式的家长对孩子几乎没有要求，同时无条件接受孩子提出的所有要求，缺乏适度的控制，对孩子错误的行为也不会批评指正，觉得孩子还小，以后就会好的。由于一味迁就孩子，在这种环境成长起来的 0—3 婴幼儿往往没有任何规则意识，胆大妄为，以后成为"熊孩子"的几率会较大，随着年龄增长，他们还有可能表现出更多的攻击性，容易与他人发生冲突，缺乏责任感。

**忽视型教养方式**。持有这类教养方式的父母对孩子既缺乏情感上的交流，又缺少对孩子行为习惯上的要求，对孩子缺少最起码的关注。在这种教养方式下成长起来的 0—3 岁婴幼儿的内心很自卑，他们没有自信，特别不愿与人交往，甚至容易对人产生敌意。

综上所述，不同的教养方式会对 0—3 岁婴幼儿的社会性发展带来迥然不同的影响，我们应该提醒家长采用最适宜 0—3 岁婴幼儿心理发展的教养方式，不是一味盲从也不是只顾自己的兴趣随意养育孩子。

**2. 机构关联人员的保教方式影响**

对 0—3 岁婴幼儿而言，机构主要涉及两种类型，一个是单独的托育中心，二是在幼儿园中所设的托班。单独的托育中心是这几年在我国新出现的一种保教机构类型,而在幼儿园中开设托班,也是近几年才产生的一种保教形态,由于其新颖性,教师基本素质尚有待提升,完整的课程体系有待形成,均处于方兴未艾阶段。因此,保教机构的关联人员的保教方式对0—3岁婴幼儿的心理发展影响还没有许多科研成果来验证,在此只能是一般意义的泛泛而谈。

保教机构人员对0—3岁婴幼儿社会性发展影响主要来自教学活动、教育环境和同伴关系。

教学活动的影响。保教机构的教学活动都是根据0—3岁婴幼儿心理发展的需要,通过设置适宜的教育目标来进行的。这些教学活动既可以是以促进0—3岁婴幼儿习惯养成的预设活动,也可以是以增强他们愉悦情感体验的宽松的生成活动。这两种活动起到了不同的作用,前者更利于0—3岁婴幼儿集体意识形成,生活中各种规则习惯的养成;后者更利于0—3岁婴幼儿的积极情绪的体验。

教育环境的影响。不管是托育中心,还是幼儿园中的托班,教育环境的创设都包含了物理环境和人文环境两个层面的内容。从物理环境来说,墙面环境色彩鲜艳,画面生动有趣,具有温馨、活泼、生动的特点,且投放的游戏材料适合婴幼儿游戏水平,就能够吸引0—3岁婴幼儿的注意力,激发他们更多自主探索游戏的积极性。从人文环境的创设来看,保教人员的微笑、充满爱意的拥抱以及亲切的语调都让0—3岁婴幼儿放下戒备心,快速融入托育中心或幼儿园的托班集体中来,为他们的社会性发展奠定良好的基础。

同伴关系的影响。如前所述,同伴关系对婴幼儿社会性发展具有重要影响,0—3岁婴幼儿进入保教机构的主要目的之一就是学会与同伴相处,学会在集体中共同生活。因此,关注保教机构中的同伴关系对0—3岁婴幼儿的社会性发展具有重要的意义。在保教机构中,0—3岁婴幼儿接触到的是年龄相仿或略有差异的同伴,他们不会像成人那样处处迁就或发出许多指令,他们有的只是一起游戏或发生各种工具性冲突,这种共同游戏或冲突,都有利于0—3岁婴幼儿真正区分自己他人,能够帮助婴幼儿尽快建立自我概念,同时,机构中稳定的同伴关系能促进0—3岁婴幼儿的社交能力培养,进而促进0—3岁婴幼儿独立人格的形成。

3. 宏观环境中的文化影响

社会文化背景是个体成长的宏观环境。

不同文化对0—3岁婴幼儿的社会能力有不同的期待。有研究表明,在我国,0—3岁婴幼儿的亲社会态度和行为更受家长和保教机构人员的重视和鼓励,而西方一些国家对此却未必重视(Whiting & Edwards, 1988),与此同时,西方国家却非常重视0—3岁婴幼儿的社会交往能力,但在我国却得不到家长和保教人员的高度关注(Weisz, 1988; Dodge, 1990)。这种不同文化的期待性,自然会给0—3岁婴幼儿带来发展的影响,越受到关注的发展重点就会发展得越好。因此,我们在坚定自己的优秀民族文化的同时,也有必要兼容并蓄,吸取别国文化中对0—3岁婴幼儿发展的合理期待,例如,对他们社会交往能力的重视。

在保教机构中,保教人员还应注意0—3岁婴幼儿的家庭文化背景,我国加入世界贸易组织以后,越来越多的外籍人士来华工作,他们的子女也更多地进入我们的保教机构,我们的教师必须尊重他们的文化传统,认识到文化差异对0—3岁婴幼儿社会能力的影响,并给予适宜的社会文化支持。

## 第三节 情绪的发展轨迹

如前所述,情绪(emotion),是人对客观事物的态度体验以及相应的行为反应,也是以个体愿望和需要为中介的一种心理活动,例如,当7个月婴儿看到自己喜欢的成人时会展露笑容,而看见陌生人因为恐惧而啼哭。他们也会通过微笑,获得成人更多的拥抱,会通过啼哭获得需要的食物。婴儿出生伊始就有基本情绪的体验,后面的岁月只是让他们把各种五味杂陈的情绪体验更深化、更细化和更复杂化。下面将从0—3岁婴幼儿的情绪表达、情绪理解和情绪调控三个方面的发展轨迹进行逐一阐述,但由于情绪的发生和发展不同于认知、语言领域等有较清晰的月龄进阶性,因此在此节的分龄不能做到如前几章那样精细,只是进行比较宽泛的分龄描述。

### 一、情绪表达的发展轨迹

情绪表达指的是人们用面部表情、肢体语言或口头言语来表现情绪的方式。积极情绪的表达能增强个体的正向体验强度,而消极情绪的表达则有助于个体疏解负向体验的压力。下面将梳理0—3岁婴幼儿的情绪发展轨迹。

#### (一)0—6个月婴儿:从生理转向人际

0—6个月婴儿的情绪表达从纯粹出于生理诉求转向人际互动。

**1. 0—1个月新生儿微笑与他人无关**

0—1个月新生儿情绪的表现主要是愉快和不愉快的情绪表现,但他们快乐的情绪表现,如微笑,却与他人无关。

当新生儿处于身体舒适、吃饱喝足甚至在梦中时,他们会微笑,但这种微笑是常常在没有任何人际互动刺激下发生的,因此被称为"非社会性微笑",也称之为"生理性微笑"。

如图 6-25 所示,新生儿也会面带微笑,但这是非社会性微笑或生理性微笑。

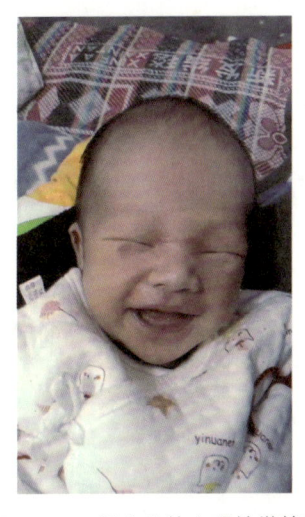

### 2. 2—3 个月婴儿对谁都微笑

随着婴儿认知能力的发展,2—3 个月婴儿在生理性微笑的基础上,增添了无选择的对人微笑,即不分亲疏,见谁都笑。该月龄段婴儿开始学会区分人和其他非社会性的刺激,对人脸、人的声音开始有一些特别的反应。这个月龄段的婴儿对于任何一个面孔,甚至纸面具等都能够引发其微笑。尤其是大人的声音和面孔更容易引起婴儿的注意和愉快的情绪。同时,他们已经开始意识到自己的笑会引发成人的回应并能够让成人高兴。

图 6-26 显示了 3 个月婴儿无区分的对人微笑情形。

图 6-25 新生儿的生理性微笑[1]

### 3. 4—6 个月婴儿出现人际互动情绪表达

相比于 0—3 个月的婴儿的情绪表达大都出于生物因素,本月龄段婴儿的基本情绪表达开始蕴含人文因素,他们的哭与笑、快乐与悲伤都开始与人际互动有关。

**人际互动中展现社会性微笑。** 5 个月以后的婴儿已经意识到自己微笑的力量了,知道自己的微笑能引发别人关注,因此当婴儿希望与他人沟通交流时,会开始尝试利用自己的微笑或欢快的叫声吸引他人的注意,以博得别人的喜爱。

当得到妈妈抚摸、轻拍等表示爱意的动作,哭泣的婴儿也会停止啼哭并还会展示微笑。

图 6-27 显示了 6 个月婴儿向妈妈展现社会性微笑的表情。

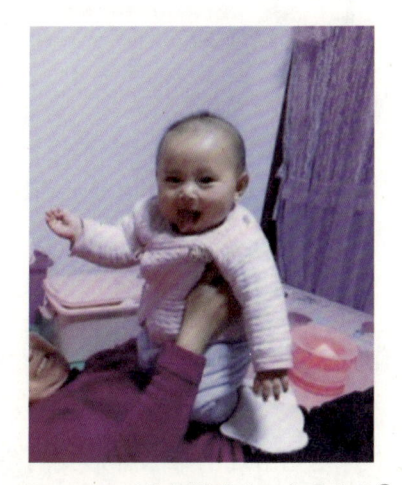

图 6-26 对谁都微笑的 3 个月婴儿[2] 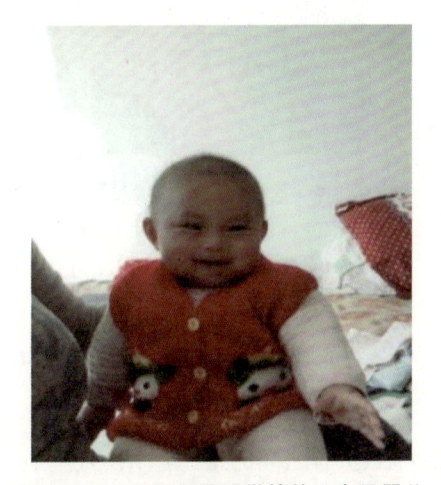　　图 6-27 向妈妈展现微笑的 6 个月婴儿

---

[1] 图片由石芳婷提供。
[2] 图 6-26 至图 6-29 均由刘炜彤提供。

**人际互动中表现愤怒**。刚出生的新生儿会因饥饿、疼痛等生理不适而啼哭,但到了4—6个月后,婴儿们会因饿了、渴了、尿了或拉了之后没人为他们及时排忧解难而满脸涨红地大哭以表达愤怒情绪。

如果这种不舒适的感觉没有得到照护者及时的解决,婴儿的哭闹还会进一步升级。4个月左右的婴儿开始出现因人际互动中缺乏回应而产生的悲伤情绪。当他们独自一人或者感到饥饿、疼痛、尿布脏了等不适状况,而照护者没有及时赶到采取措施时,就会感觉很悲伤,一般会通过伤心的哭泣来表达其悲伤情绪。图6-28展现的就是6个月婴儿表现出的悲伤表情。

**对周围世界充满好奇**。4—6个月的婴儿随着视觉和听觉等能力提升,他们对周围世界的好奇心也与日俱增。一些活动的、色彩鲜艳的刺激物会引发出婴儿的好奇情绪。比如,当婴儿发现家中跑动的小狗时,他的视线会随着小狗的移动路线而移动。

图6-29呈现的是婴儿对眼前的物体表示好奇的情景。

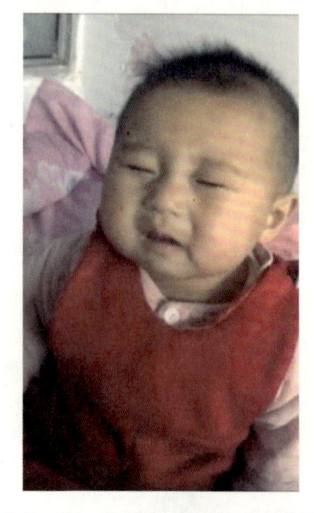

图6-28 表现悲伤的6个月婴儿　　图6-29 婴儿对眼前的物体表示好奇

### (二) 7—18个月婴幼儿:分离焦虑

7个月以后的婴儿在基本情绪发展的同时,又有了复合情绪体验,在此主要聚焦7—18个月婴幼儿的焦虑情绪的表达。

随着与照护者之间的情感联结的建立,7—18个月婴儿出现了第二种形式的焦虑——分离焦虑,即当他们所信任和依赖的照护者离开视线时,表现出伤心、痛苦拒绝分离的现象。比如,当一个8个月大在床上玩玩具的婴儿看见妈妈打开门走出去时,随着妈妈身影的消失他就会大哭起来。分离焦虑在婴儿6—8个月时产生,他们明显地、更多地抗拒特定个体——一般即为所依恋的对象(主要是母亲)的离开,当母亲离开时,他们会非常不高兴、哭闹、不安;同时,他们不愿意再接受他人的替代,别人再跟他玩他也一定要妈妈。幼儿的分离焦虑在 14—18 个月时达到顶峰,然后逐渐下降(Kagan, Kearsley & Zelazo, 1978; Weinraub & Lewis, 1977)。

### (三) 19—36 个月幼儿:情绪多维度表达

相较于 0—18 个月婴幼儿大都只聚焦与母亲的情绪互动,本月龄段幼儿在情绪表达方面开始表现出对父亲的喜爱、用口头言语表达成功的喜悦等。

#### 1. 19—24 个月幼儿对父亲的喜爱增加

随着月龄的增长,18 个月以后的幼儿自我意识确立,并且能独立行走,因此他们不再局限于对吃饱喝足等基本生理需求的满足,而是更多寻求外界的活动和游戏。由于父亲体力充沛等原因可以给幼儿带来更多的刺激,比如,举高或坐在父亲肩上游戏等,父亲可以陪他们开展很多有趣的游戏,因此这一月龄段的幼儿对父亲的喜爱之情与日俱增。

如图 6-30 所示,24 个月幼儿骑在父亲的肩上,与父亲注视着同一个方向,张开嘴大笑,表现出极为喜悦的样子。

#### 2. 25—36 个月幼儿开始用言语表达自己的情绪

**明确说出心理感受**。随着幼儿言语能力的发展,他们开始尝试着用语言表达自己的内心情绪和情感,例如,说出"我开心"、"我生气"等,有时还会与别人讨论自己的情绪感受。比如,27 个月大的明明在哭的时候会说"明明不开心"。

**表达成功的喜悦**。随着幼儿自主能力的增强,幼儿的开心愉悦也不再仅仅建立在吃饱喝足等生理需要,而更多追求与照护者之间亲子互动等人际交往需要的满足上,幼儿还可以体验到通过自己的努力而得到某件物品或做成某件事的喜悦。比如,一个喜欢书本的幼儿,在每次阅读完几页书之后会很有成就感地告诉成人自己会读书了。对喜欢画画的幼儿,当他们会信笔涂鸦时,他们会高兴地一边嘀咕一边画画。

图 6-30 欣然坐在父亲肩上的 24 个月幼儿①

## 二、情绪理解的发展轨迹

情绪理解是对他人通过面部表情、口头或肢体语言表现出来的情绪状态的解读和理会。

---

① 图片由崔铭恩提供。

0—3岁婴幼儿的情绪理解主要是通过对成人或同伴的面部表情、肢体动作、语言表达、语气等的观察感知,来理解他人的情绪。

### (一) 9—18个月婴幼儿使用"社会参照"

9—18个月婴幼儿已开始使用"社会参照",即通过解读他人表情来采取相应行为的策略,其前提条件就是能够解读表情的意义。有学者在著名的"视觉悬崖实验"中加入了母亲表情的因素,一组母亲呈现快乐情绪、另一组母亲呈现惊恐表情。结果显示,母亲呈现快乐情绪的这组婴幼儿87%都爬过去了,而母亲呈现惊恐表情的这组没有一个婴幼儿爬过去,说明他们已理解了母亲表情的意义,并确定了自己的反应。在表情理解的基础上运用社会参照策略有助于婴幼儿更准确地理解模糊情境(Mumme, Fernald & Herrera, 1996)。通常父母是9—18个月婴幼儿的社会参照的重要情绪信息来源,当幼儿眼前的事物第一次出现时,他们往往会根据父母当时的情绪表现来行动:比如,当幼儿要伸手摸仙人掌时,如果父母的情绪表现的很惊恐,甚至大声制止,幼儿往往会停下触摸的动作;如果父母的情绪没有变化,甚至是积极鼓励的情绪,幼儿往往会继续积极尝试。

15个月左右幼儿的社会参照能力进一步加强。他们不仅根据成人的表情,而且还能根据成人的语气语调来调节自己的行为。当他们靠近危险物品或进入危险地带时,连成人惊恐的语气或着急的语调都能解读,从而停下正在进行的动作。反之,当他们做某一动作后获得别人表示赞扬的微笑或发出快乐的语调,15—18个月幼儿会继续重复该动作。

### (二) 19—24个月幼儿对幽默和同情的理解

19—24个月幼儿萌芽了对幽默感和同情心的理解。

幽默感是人际关系的润滑剂。18个月以后的幼儿已经能够从成人夸张的表情中找到乐趣,当家长用夸张的表情、动作或调皮轻快的语调逗弄幼儿,幼儿会发出咯咯的笑声,这是2岁左右的幼儿对幽默的最初理解和回应。

该月龄段的幼儿对幽默感的理解主要借助成人对他们自身行为的语言或表情反馈。当他们用自己的行为吸引他人的注意,例如,模仿他感到有趣的动作——把一条小毛巾遮在头上做走路的动作,然后突然把毛巾从头上揭开;或者做鬼脸或模仿一些动作来展现自己。

2岁左右的幼儿在"逗"大人时,大人会用喜悦的表情、夸张的声调回应,这时他们便通过和成人玩这样的互动游戏来理解"有趣"这样的幽默感了,通过日复一日地与成人玩有趣的游戏,幼儿理解他人幽默感的能力也在增强,如图6-31所示,2岁幼儿学爷爷弯腰走路,他觉得很幽默。

图 6-31　模仿爷爷走路的 2 岁幼儿[①]

同情心属于人类高级社会情感,对于幼儿社交行为的产生有着重要影响。19—24 个月的幼儿通过对他人的悲伤等表情的识别和感知,开始对他人萌发同情之心。当发现爸爸、妈妈生气时,会抱抱妈妈让妈妈不生气;当看到别的孩子哭泣时,尝试用语言和抱抱、亲亲等动作抚慰他们。

### (三) 25—36 个月幼儿使用情境和行为

2 岁以后的幼儿对情绪的理解不仅仅是直接从面部表情或肢体动作来进行,进而能将该情绪的发生与引发情绪的情境联系起来。比如,3 岁的幼儿能说出故事中的小男孩因为自己能接住别人扔的球而高兴,也会因为球被其他人接到而难过。

本月龄段幼儿通过周围人反应来理解自己的行为对他人情绪所产生的影响,比如,抱抱奶奶会让奶奶很高兴。由此,他们会采取更多引发他人快乐和积极情绪的行为。

## 三、情绪调控的发展轨迹

如前文所言,情绪调控(emotion regulation)属于情绪管理的范畴,是个体管理和改变自己或他人情绪的过程,在这个过程中,个体通过一定的策略和机制,使情绪在生理活动、主观体验、表情行为等方面发生一定的变化。因为 0—3 岁婴幼儿太幼小,从本质上来说他们很难有自主性情绪调控的能力,在此只能极简略地综合梳理他们从一味寻求他人帮助下的情绪调控转向依恋物寻求安慰的情绪调节发展轨迹。

**依靠他人来调控自己的情绪**。这是 0—3 岁婴幼儿情绪调控的主要策略。从 9 个月左右开始,婴儿遇到问题时会从照护者那里寻求帮助和安慰。比如,当有不认识的人出现在面前

---

[①] 图片来源: new.qq.com。

时,婴儿会依偎在照护者的身边寻求安慰,在自己遭遇困难时也会寻求父母的安慰和帮助。

如图 6-32 中,当幼儿摔倒后,幼儿会跑到父母身边哭,寻求父母的安慰和帮助。

图 6-32 幼儿向妈妈寻求安慰的场景①

**通过自我安慰行为进行情绪调控。**0—3 岁婴幼儿情绪调控能力发展的进步体现在通过依恋物或肢体行为来进行自我安慰。

1 岁左右的婴儿感到紧张不安的时候,会用吸吮手指或紧紧抓住所依恋的物品或玩具(经常陪自己睡觉的海马玩偶或兔子玩偶等)来缓解自己的消极情绪。

**为了社会交往需要而控制情绪。**这是 18 个月幼儿开始出现的情绪调控现象。随着自我意识的增强,自我管理能力的萌芽,18 个月以后的幼儿逐渐学会了控制自己的害怕情绪,在遇到陌生人时,他们会在照护者的鼓励下,为了社会性交往克服恐惧情绪,用微笑或招手等与陌生人打招呼。

## 本章小结

### 一、核心概念

**社会性发展**指儿童个体社会化的内容与结果,是在社会化过程中获得的情感、性格等心理特征,也是在社会交往中处理表现出来的心理特征。

**气质**指在情绪反应、活动水平、注意和情绪控制方面所表现出来的稳定的个体差异。

**情绪**是人对客观事物的态度体验及相应的行为反应,情绪是以个体的愿望和需要为中

---

① 图片来源:https://www.sohu.com/a/13632026_123128

介的一种心理活动。当客观事物或情境符合主体的需要和愿望时,就能引起积极的、肯定的情绪,反之则会引起消极情绪。

基本情绪和复合情绪

从生物进化的角度看,人的情绪可以分为基本情绪(basic emotion)和复合情绪(complex emotion)。基本情绪是人与动物所共有的,在发生上有着共同的原型或模式,是先天的、不学而能的。每一种基本情绪都具有独立的神经生理机制、内部体验和外部表现,并且具有不同的适应功能。复合情绪则是由两种以上的基本情绪组合而形成的情绪复合体。

二、相关经典理论

1. 埃里克森的人格发展阶段理论

人的一生有八个发展阶段。虽然每个阶段中所面临的危机不会完全消失,但如果个体想要成功应对后面发展阶段的冲突,就需要在特定的阶段充分地解决这个主要的危机。

- 信任对不信任(0—1岁)

在埃里克森提出的第一个发展阶段,儿童需要通过与看护者之间的交往建立对环境的基本信任感。

- 自主对自我怀疑(1—3岁)

对安全的自主感和成为有能力之人的需求,是12—36个月幼儿的人生重要课题。

2. 鲍尔比的依恋理论

依恋指婴儿与主要抚养者(通常是母亲)之间形成的由爱联结起来的永久性的心理联系。依恋能使婴儿得到一种情感上的满足。婴儿期的亲子关系中,占据最重要地位的就是依恋。依恋是婴儿与成人形成的最初的社会性联结,也是婴儿情感社会化的重要标志。

3. 萨罗卫和梅耶的情绪智力理论

情绪智力是个体准确、有效地加工情绪信息的能力集合,即能准确地知觉到自己和他人的情绪,能利用情绪来促进思维,理解情绪、情绪语言以及情绪传达的信息,管理情绪以达到具体的目标。

三、社会性-情绪的发展价值

1. 社会性发展价值

首先,社会性发展在婴幼儿的心理地位举足轻重。促进儿童社会性发展是现代教育的最重要目标之一,因为培养身心健全的人是教育的最根本目标;其次,婴幼儿期是社会性发展的重要时期,在人的一生的社会性发展中,处于基础阶段。此阶段幼儿社会性发展直接关系到他们未来人格发展的方向和水平。

2. 情绪发展价值

情绪的发展价值主要体现在帮助婴幼儿在社会生活中的"适应""驱动""组织"和"交往"

四个方面。

- 促进婴幼儿适应生存

刚出生的婴儿主要依赖情绪来传递信息，得到成人的关注和及时排忧解难，获得社会生存的支持。

- 加强婴幼儿的内驱力

情绪具有强大的生理和心理内驱力（drive），也被称为动机功能。

- 帮助婴幼儿协调组织关系

情绪作为脑内的一个检测系统，对其他心理活动具有组织的作用。这种作用表现为积极情绪的协调作用和消极情绪的破坏、瓦解作用。

- 强化婴幼儿社会交往能力

在前言语阶段，婴儿与成人相互交流的重要手段就是情绪的外部表现表情。

**四、0—3岁婴幼儿社会性-情绪发展的主要轨迹**

自我意识发展：从"主体自我"向"客体自我"转变。"主体自我"就是源于生理需求等而产生的本能性自我；"客体自我"指个体在人际关系中，通过别人对自己的行为反应或对自己的印象和评价所形成的自我概念和自我意识。

自我控制发展：经过了从完全无自控能力到逐渐产生自控能力萌芽、从完全他律到些微自律的历程。

人际互动中的亲子关系：泛化性依恋到精确性依恋，从完全顺从到反抗意识的产生。

人际互动中的同伴关系：从完全漠然到初步萌芽同伴意识，从全无交往到逐渐合作游戏；从工具性冲突上升到所有权意识的冲突。

情绪表达：从表达基本情绪出发，在此基础上逐渐增加复合情绪的表达。

情绪理解：从他人的表情和肢体语言理解情绪出发，在此基础上逐渐理解他人用语气、语调和语言等表达的情绪。

情绪调控：从一味寻求他人帮助下的情绪调控转而从依恋物等寻求安慰进行自我情绪调节。

---

**巩固与练习**

一、简答题

1. 简析0—3岁婴幼儿人际关系发展轨迹。
2. 简述婴儿依恋发展的过程。

3. 简论0—3岁婴幼儿情绪表达的发展轨迹。

二、案例分析

**为什么宝宝看见叔叔就哭起来了?**

妈妈带1岁的宝宝去一个阿姨家玩,宝宝很喜欢那个阿姨,进门就伸手让阿姨抱。这时叔叔出来了,宝宝看到,哇的一声大哭起来,转身找妈妈要抱。妈妈抱着宝宝哄了一会,宝宝不哭了。

思考:

1. 为什么宝宝看见阿姨要抱,看见叔叔就哭起来了?

2. 为什么宝宝在阿姨怀里哭了以后要找妈妈抱?

# 主要参考文献

[1] 曹爱华,王贵菊,王玉玮.儿童气质研究进展[J].中国儿童保健杂志,2006,(02).

[2] 格雷格·佩恩,耿培新,梁国离.人类动作发展概论[M].北京:人民教育出版社,2008.

[3] 郭贞美.气质与多巴胺受体基因[J].中国儿童保健杂志,2001,(05).

[4] 胡良英,胡利人,周旋,王燕妮.儿童气质影响因素的研究现状[J].医学信息(上旬刊),2011,24(06).

[5] 劳拉·E·贝克.婴儿、儿童和青少年(第五版)[M].桑标等译.上海:上海人民出版社,2019.

[6] 雷雳.发展心理学[M].北京:中国人民大学出版社,2017.

[7] 卢家楣.对情绪智力概念的探讨[J].心理科学,2005,28(5).

[8] 罗伯特·S·费尔德曼.儿童发展心理学[M].苏彦捷等译.北京:机械工业出版社,2019.

[9] 庞丽娟,李辉.婴儿心理学[M].杭州:浙江人民出版社.1993:2-3.

[10] 孙田.外语学习理论与方法教程[M].芜湖:安徽师范大学出版社,2017.

[11] 汪乃铭,钱峰.学前心理学[M].上海:复旦大学出版社,2005.

[12] 王振宇.学前儿童发展心理学[M].北京:人民教育出版社,2004.

[13] 王振宇.学前儿童心理学[M].北京:中央广播电视大学出版社,2007.

[14] 王争艳,武萌,赵婧.婴幼儿青少年心理学丛书婴儿心理学[M].杭州:浙江教育出版社,2015.

[15] 魏炜娜.3岁儿童气质、母亲教养方式与其情绪自我调节的关系研究[D].大连:辽宁师范大学,2012.

[16] 徐小燕,张进辅.情绪智力理论的发展综述[J].西南师范大学学报(人文社会科学版),2002,28(6).

[17] 张家琼.学前儿童心理发展概论[M].重庆:西南师范大学出版社,2018.

[18] 张玉梅.心理理论视角下3—6岁儿童情绪理解能力发展研究[D].长春:东北师范大学,2007.

[19] 周念丽.0—3岁儿童多元智能评估与培养[M].上海:华东师范大学出版社,2010.

[20] 朱小蔓,梅仲荪. 儿童情感发展与教育[M]. 南京：江苏教育出版社,1998.

[21] Denham, S. A. Emotional Development in Young Children: Foreword by Judy Dunn [M]. New York, The Guilford Press, 1998.

[22] Gavin Bremner. J. Infancy Second edition [M]. India Printed in the U. S. A. 1994.

[23] Knobloch, Pasamanick. The Development of Infancy and Toddler [M]. Prechtl & Beintema, 1965.

[24] Mayer J. D, Salvoey P, Caruso R. Emotional Intelligence: New Ability or Eclectic Traits [J]. American Psychologist, 2008, 63(6).

[25] Meike J, Westberg L, Nilsson S, et al. A Polymorphism in the Serotonin Receptor 3A (HTR3A) Gene and Its Association with Harm Avoidance in Women. Arch Gen Psychiatry, 2003, 60(10).

[26] Nancy Eisenberg. Hand book of Child Psychology (Sixth Edition) [M]. John Wiley & Sons Inc, 2006.

[27] Robert S. Siegler. How Children Develop [M]. Worth Publishers, 2003.

# 致 谢

在系列课程开发过程中,华东师范大学周念丽教授团队、首都儿科研究所关宏岩研究员团队、中国疾病预防控制中心营养与健康所黄建研究员团队、CEEE团队养育师课程建设项目工作人员为最终成稿付出了巨大的努力和心血,在此致以崇高的敬意和衷心的感谢!北京三一公益基金会、北京陈江和公益基金会、澳门同济慈善会(北京办事处)率先为此系列课程的开发提供了重要和关键的资助,成稿之功离不开三方的大力支持,在此表示诚挚的感谢!也衷心感谢华东师范大学出版社在系列教材出版过程中给予的大力支持和协助!另外,尽管几经修改和打磨,系列教材内容仍然难免挂一漏万,不足之处还请各位读者多多指教,我们之后会持续地修改和完善这套系列教材!

最后,我还想特别感谢一直以来为CEEE婴幼儿早期发展研究及系列课程开发提供重要资助和支持的基金会,没有他们的有力支持,我们很难在这个领域潜心深耕这么久,衷心感谢(按照机构拼音的首字母排列):澳门同济慈善会(北京办事处)、北京亿方公益基金会、北京三一公益基金会、北京陈江和公益基金会、北京情系远山公益基金会、北京观妙公益基金会、戴尔(中国)有限公司、福特基金会、福建省教育援助协会、广达电脑公司、广州市好百年助学慈善基金会、广东省唯品会慈善基金会、郭氏慈善信托、国际影响评估协会、和美酒店管理(上海)有限公司、亨氏食品公司、宏基集团、救助儿童基金会、李谋伟及其家族、联合国儿童基金会、陆逊梯卡(中国)投资有限公司、洛克菲勒基金会、南都公益基金会、农村教育行动计划、瑞银慈善基金会、陕西妇源汇性别发展中心、上海煜盐餐饮管理有限公司、上海胤胜资产管理有限公司、上海市慈善基金会、上海真爱梦想公益基金会、深圳市爱阅公益基金会、世界银行、思特沃克、TAG家族基金会、同一视界慈善基金会、携程旅游网络技术(上海)有限公司、依视路中国、徐氏家族慈善基金会、亚太经济合作组织、亚太数位机会中心、云南省红十字会、浙江省湖畔魔豆公益基金会、中国儿童少年基金会、中国青少年发展基金会、中山大学中山眼科医院、中华少年儿童慈善救助基金会、中南成长股权投资基金。